国家新闻出版改革发展项目库入库项目

物联网工程专业教材丛书

高等院校电子信息类规划教材·"互联网+"系列

物联网与智能卡技术

张锦南　袁学光

陈保儒　左　勇　编著

北京邮电大学出版社

www.buptpress.com

内 容 简 介

本书以面向物联网应用的智能卡为对象,详细介绍智能卡的基本原理及应用技术。重点内容包括:物联网的诞生与发展、接触式智能卡的原理与应用、非接触式智能卡的原理与应用、智能卡安全问题、智能卡的操作系统、NFC 技术、测试技术及标准、物联网和智能卡的应用等。本书可作为物联网、电子信息、微电子、自动化等相关专业的教材或参考用书。

图书在版编目(CIP)数据

物联网与智能卡技术 / 张锦南等编著. -- 北京:北京邮电大学出版社,2020.5(2023.8 重印)
ISBN 978-7-5635-6022-6

Ⅰ. ①物… Ⅱ. ①张… Ⅲ. ①互联网络—应用②IC 卡—技术 Ⅳ. ①TP393.4②TN43

中国版本图书馆 CIP 数据核字(2020)第 055300 号

策划编辑:姚 顺 刘纳新 责任编辑:刘 颖 封面设计:七星博纳

出版发行:北京邮电大学出版社
社   址:北京市海淀区西土城路 10 号
邮政编码:100876
发 行 部:电话:010-62282185 传真:010-62283578
E-mail:publish@bupt.edu.cn
经   销:各地新华书店
印   刷:唐山玺诚印务有限公司
开   本:787 mm×1 092 mm 1/16
印   张:13
字   数:317 千字
版   次:2020 年 5 月第 1 版
印   次:2023 年 8 月第 2 次印刷

ISBN 978-7-5635-6022-6   定价:38.00 元

· 如有印装质量问题,请与北京邮电大学出版社发行部联系 ·

物联网工程专业教材丛书

顾问委员会

邓中亮　李书芳　黄　辉　程晋格　曾庆生　任立刚　方　娟

编委会

总 主 编:张锦南
副总主编:袁学光

编　　委:颜　鑫　左　勇　卢向群　许　可　张　博
　　　　　张锦南　袁学光　张阳安　黄伟佳　陈保儒

总 策 划:姚　顺
秘 书 长:刘纳新

物联网是技术变革的产物,它代表了计算技术和通信技术的未来,它的发展依靠某些领域的技术革新,包括无线射频识别技术(RFID及智能卡)、云计算、软件设计和纳米技术。以简单的RFID系统为基础,结合已有的网络技术、数据库技术、中间件技术等,构筑一个由大量联网的阅读器和无数移动的标签组成的网络,通过射频信号自动识别目标对象并获取物体的特征数据,将日常生活中的物体连接到同一个网络和数据库中。

智能卡是一种集成电路卡(IC card),广泛地应用于金融、身份证和社会保障等领域,它继承了磁卡以及其他IC卡的所有优点,且有极高的安全、保密、防伪能力。

本书较为全面地介绍了智能卡的工作原理、关键技术与工程应用。

第1章为概述。本章首先介绍了物联网的基本概念和发展,然后讲述了物联网与智能卡的关系,引入智能卡的概念,并详细描述了智能卡的组成及其分类。结合实际分析了智能卡的功能与地位,并进一步介绍了目前智能卡的安全及国际标准。

第2章为接触式智能卡的理论基础。本章主要介绍了接触式IC卡的物理特性、触点、电信号和传输协议等基础理论,描绘了接触式智能卡工作原理。这部分内容从智能卡的应用展开,深入分析智能卡背后的工作原理,是后续章节学习的基础。考虑到本书的性质,本章仅介绍基础概念和原理,未涉及过多的理论推导。

第3章为非接触式智能卡的理论基础。本章主要介绍了射频识别技术的基础、非接触式智能卡的国际标准,详细剖析了非接触式智能卡协议以及非接触式智能卡的工作原理。这部分内容力求能够全面细致地向读者讲述非接触式智能卡的协议流程,让读者能够深入理解非接触式智能卡内部原理。通过前面学习的基础,相信读者能够更好地理解本章的内容。

第4章主要介绍智能卡安全及相关技术。本章首先介绍了智能卡的身份认证方案,引出智能卡在互联网通信安全方面的介绍;然后详细介绍了目前常用的加密技术,及其在智能卡中的应用;最后介绍了其他对智能卡造成威胁的安全问题。

第5章主要介绍了智能卡操作系统(即对其进行操作的命令系统)。本章首先介绍了操作系统的工作原理,包括操作系统的文件管理等;然后详细介绍了如何保障操作系统的安全及其安全体系,引出了对操作系统命令的介绍;最后简要说明了如何对一个产品级的智能卡操作系统进行测试。

第 6 章主要介绍 NFC 技术。本章首先介绍了 NFC 的定义、发展历史和应用场景,着重分析了 NFC 技术如何让人们的生活更加高效便捷,并且对 NFC 的工作模式、通信方式和应用现状进行了简要介绍;然后对 NFC 传感器进行了详细介绍,从通信原理、通信过程、硬件基础和协议等方面,介绍了 NFC 通信流程、天线、协议族等 NFC 主要参数;最后介绍了 NFC 的应用载体——卡和标签及其分类。

第 7 章主要介绍测试技术及标准。本章在第 2 章、第 3 章智能卡的基础上,从智能卡一般特性、物理特性和电气特性三方面介绍了接触式智能卡和非接触式智能卡的测试方法,最后介绍了卡操作系统的测试方法,包括测试内容、测试原理和测试步骤。

第 8 章主要介绍智能卡在物联网中的应用。本章对智能卡在物联网中的应用进行分析和研究,并通过三个具体实例来展现传感器如何在物联网中发挥作用(第一个是 eSIM 卡的相关应用,第二个是 RFID 的相关应用,第三个是物联网在现阶段的热门应用),让读者充分了解智能卡在物联网中扮演的重要角色。

本书紧跟全球物联网发展趋势,结合物联网应用技术的演变脉络,对物联网与智能卡技术的基本概念、基本理论及其最新发展进行了全面介绍,并清晰明了地诠释了智能卡的最新应用及发展趋势。本书系统讲解了物联网智能卡工作流程、工作原理、理论数据、工程举例、各国规范和标准体系,详细分析了物联网智能卡技术在各个领域的典型应用实例。本书分篇细致,内容丰富翔实,论述系统全面,知识层次清晰,同时具有可读性。

由于作者的水平有限,本书难免有错误或不当之处,敬请广大读者批评指正。

作者
于北京邮电大学

本 书 结 构

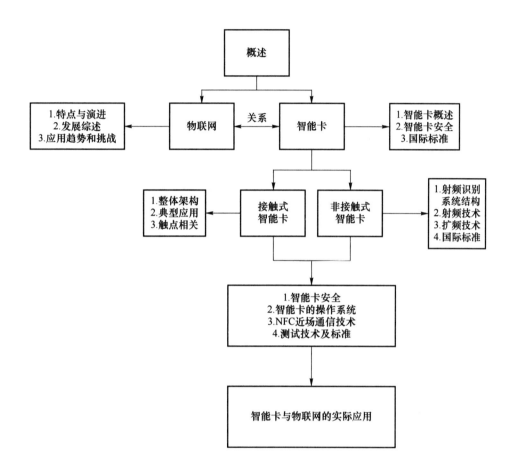

概述

1.特点与演进
2.发展综述
3.应用趋势和挑战

物联网 —— 关系 —— 智能卡

1.智能卡概述
2.智能卡安全
3.国际标准

1.整体架构
2.典型应用
3.触点相关

接触式智能卡   非接触式智能卡

1.射频识别系统结构
2.射频技术
3.扩频技术
4.国际标准

1.智能卡安全
2.智能卡的操作系统
3.NFC近场通信技术
4.测试技术及标准

智能卡与物联网的实际应用

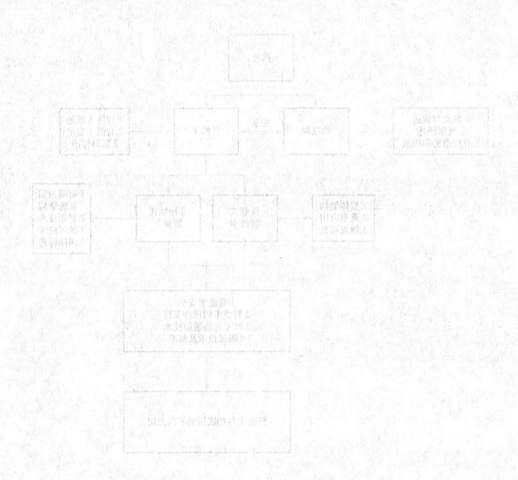

目　录

第 **1** 章 概 述

1.1 物联网的诞生与发展

1.1.1 什么是物联网

物联网的概念是在 1999 年提出的。物联网的英文名称为"internet of things",顾名思义,物联网就是"物物相连的互联网"。这有两层意思:第一,物联网的核心和基础仍然是互联网,是在互联网基础上延伸和扩展的网络;第二,其用户端延伸和扩展到了任何物品与物品之间进行信息交换和通信。

物联网是指物体通过智能感知装置,经过传输网络,到达指定数据处理中心,实现人与人、物与物、人与物之间信息交互与处理的智能化网络。这里包括三个层次:首先是传感网络,也就是目前所说的包括 RFID 及智能卡(无线射频识别技术)、条码、传感器等设备在内的传感网;其次是信息传输网络,主要用于远距离传输传感网所采集的巨量数据信息;最后则是信息应用网络,也就是智能化数据处理和信息服务。

物联网是技术变革的产物,它代表了计算技术和通信技术的未来,它的发展依靠某些领域的技术革新,包括无线射频识别技术(RFID 及智能卡)、云计算、软件设计和纳米技术。以简单的 RFID 系统为基础,结合已有的网络技术、数据库技术、中间件技术等,构筑一个由大量联网的阅读器和无数移动的标签组成,通过射频信号自动识别目标对象并获取物体的特征数据,将日常生活中的物体连接到同一个网络和数据库中。

物联网是信息化向物理世界的进一步推进,它能使当前携带互联网信息的智能手机和平板计算机随人移动,这就使得物联网用途广泛,遍及智能交通、环境保护、政府工作、公共安全、平安家居、智能消防、工业监测、老人护理、个人健康等多个领域。可以预计,物联网是继计算机、互联网与移动通信网之后的又一次信息产业浪潮。[1]

1.1.2 物联网的特点与演进

物联网把新一代 IT 技术充分运用在各行各业之中,具体地说,就是把感应器嵌入和装备到电网、铁路、桥梁、隧道、公路、建筑、供水系统、大坝、油气管道等各种物体中,然后将物联网与现有的互联网整合起来,通过传感器侦测周边环境,如温度、湿度、光照、气体浓度、振动幅度等,并通过无线网络将收集到的信息传送给监控者或系统后端。监控者解读信息后,便可掌握现场状况,进而维护和调整关系,实现人类社会与物理系统的整合,以更加精细和动态的方式管理生产和生活,达到"智慧"状态,提高资源利用率和生产力水平,改善人与自然的关系。

物联网的演进路径分为电信网主导和传感网主导两种模式,当传感网技术成熟后,将以电信网为主导,实现信息的可控可管、安全高效。人类信息通信网分成实现人与人通信的电信网和实现物与物通信的近场通信网或者传感网,两者的发展并行推进,但是电信网比传感网成熟更早。经过无数人上百年的研究发明、推广应用,电信网已经建立了一整套科学的、可控可管的信息通信网络体系,安全、高效地服务于人类的信息通信。

电信网的发展主要有两大方向:一个是移动化,人们为了追求信息通信的自由,逐步由移动电话替代固定电话,实现位置上的自由通信;另一个是宽带化,通信从电路交换转变为分组交换为主,从电报电话到互联网,逐步实现宽带化的通信,实现传输容量上的自由通信。

传感网的发展也有两大趋势。一个趋势是智能化,物品要更加智能,能够自主地实现信息交换,才能真正实现物联网。而这需要对海量数据的处理能力,随着"云计算"技术的不断发展成熟,这一难题将得到解决。另一个趋势是 IP 化,未来的物联网将给所有的物品都设定一个标识,实现"IP 到末梢",这样人们才能随时随地了解物品的信息,"可以给每一粒沙子都设定一个 IP 地址"的 IPv6 担负着这项重担,将在全球得到推广。

电信网主导模式就是由传统的电信运营商主导,推动物联网的发展;传感网主导模式是以传感网产业为主导,逐步实现与电信网络的融合[2]。在当前状况下,由于传感器的研发瓶颈制约了物联网的发展,应当大力加强传感网络的发展,但是从战略角度看,针对未来会出现的信息安全和信息隐私的保护问题,应当选择电信网主导的模式,而且通信产业具有强大的技术基础、产业基础和人力资源基础,能实现海量信息的计算分析,保证网络信息的可控可管,最终保证在信息安全和人们的隐私权不被侵犯的前提下实现泛在网络的通信。

物联网是连接物品的网络,有些学者在讨论物联网时常常提到 M2M 的概念,可以解释为人到人(man to man)、人到机器(man to machine)、机器到机器(machine to machine)。实际上,M2M 的所有解释在现有的互联网中都可以实现,人到人之间的交互可以通过互联网进行,有时也通过其他装置间接地实现,如第三代移动电话,可以实现十分完美的人到人的交互。人到机器的交互一直是人体工程学和人机界面领域研究的主要课题,而机器与机器之间的交互已经由互联网提供了最为成功的方案。从本质上说,人与机器、机器与机器的交互,大部分是为了实现人与人之间的信息交互。万维网(World Wide Web)技术成功的动因在于:通过搜索和链接,提供了人与人之间异步进行信息交互的快捷方式。这里强调的物联网指基于 RFID 的物联网,传感网指基于传感器的物联网。而物联网、传感网、广电网、互联网、电信网等网络相互融合形成的网络,称为泛在网,即"无处不在,无所不包,无所不能"网络。因此,在物联网研究中不宜采用 M2M 的概念(M2M 容易造成思路混乱),应该采用国际电信联盟(ITU)定义的 T2T、H2T 和 H2H 的概念。[3]

1.1.3 物联网发展综述

1991 年美国麻省理工学院(MIT)的 Kevin Ashton 教授首次提出物联网的概念。它的愿景是生活中所有装置都能通过网络传递信息,触发装置的侦测、识别、反应、控制等行为。物联网被公认为后移动时代的下一个杀手级应用,具有广阔的市场和应用前景。

1999 年 MIT 建立了"自动识别中心(Auto-ID Center)",提出"万物皆可通过网络互联",阐明了物联网的基本含义。早期的物联网是依托射频识别(RFID)技术的物流网络。

2005 年 11 月,国际电信联盟(ITU)发布《ITU 互联网报告 2005:物联网》,引用了"物联网"的概念。物联网的定义和覆盖范围有了较大的拓展,不再只是指基于 RFID 技术的物联网。

2009 年欧盟执委会发表了欧洲物联网行动计划,描绘了物联网技术的应用前景,提出欧盟政府要加强对物联网的管理,促进物联网的发展。

2009 年 1 月 28 日,IBM 首次提出"智慧地球"概念,建议新政府投资新一代的智慧型基础设施。当年,美国将新能源和物联网列为振兴经济的两大重点。

2009 年 8 月,温家宝总理在无锡视察时提出"感知中国",无锡市率先建立了"感知中国"研究中心,中国科学院、运营商、多所大学在无锡建立了物联网研究院。其后,物联网被正式列为国家五大新兴战略性产业之一。

自 2009 年,我国提出感知中国,至此物联网被列为新兴战略性产业之一,由此,也开启了物联网发展新纪元,经过多年推动,我国物联网产业处于高速增长,形成了芯片、设备、云端等物联网应用产业链。

目前的物联网四大核心技术包含 RFID 射频识别、传感器、云计算、网络通信。

从市场规模(如图 1.1.1 所示)来看,从发展初期的千亿规模,到 2017 年突破万亿,前瞻产业研究院数据显示,2018 年市场规模有望突破 2 万亿,预计到 2022 年增长至 7.2 万亿,预示着我国是全球最大物联网市场。

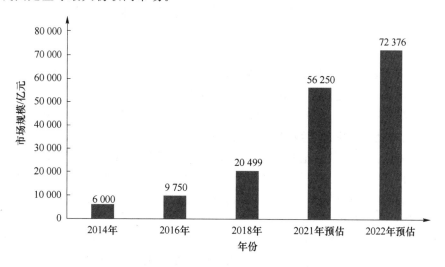

图 1.1.1　物联网市场规模

从物联网连接规模来看,伴随 LoRa、NB-IoT 和 5G 等通信技术的发展,我国物联网连接数增长迅猛,截至 2018 年 6 月末,我国物联网终端用户达 4.65 亿户,同期增长 2.5 倍,广泛部署在智慧城市、智慧交通、智能工厂和智能家居等众多细分行业。

物联网成为全球未来发展的重要方向,万物互联也承载了世界的梦想,而中国是物联网发展速度最快的国家之一,NB-IoT 建设也在提速,2020 年将建成 150 万个基站,实现全国普遍覆盖。目前,全球蜂窝物联网连接中国独领风骚,超过连接数的一半。

在应用落地上中国也领跑全球,以运营商、华为、中兴和 BAT 等为代表的企业搭平台建生态,推动物联网迈向更大规模商用落地,万物透过互联,赋予万物感知、认知。我们处在了万物互联的好时代,越来越多的物联网应用落地,继而推动中国物联网发展进入一个新的高度,引领全球。

1.1.4 物联网应用趋势和挑战

物联网发展趋势可以概括为以下几点。

1. 更严格的合规性

当某项新技术诞生时,业界的兴奋、激进与政策和监管的滞后往往会形成鲜明的对比。在新技术初期,低水平监管意味着行业的技术力量几乎都专注于创新。一旦这种创新与应用开始普及时,新技术带来的各种风险也就突显出来。

2018 年,数据隐私成为网络社会的一个关键词,各种用户数据泄露或被滥用的事件频发,特别是 Facebook 的丑闻引发了全球担忧。

所有的互联网公司和商家都收集了大量的用户数据。当"千人千面""个性化推荐"等词语已然成为互联网公司技术实力的代言人时,也意味着我们每一个人都在这些互联网公司的注视下"裸奔"。

2019 年,各种立法和监管机构将提出更加严格的用户数据保护规定,用户的敏感数据可能会随着时间的推移而受到更严格的监管。这种监管或许会与互联网行业的发展有一定冲突。例如,2018 年欧盟 GDPR 政策的出台,让全球互联网巨头不得不调整策略。

2019 年,物联网法规或许将创造一个有利可图的商业机会——用户数据合规管理和咨询。

2. 更安全的防护措施

随着物联网设备和基础设施的价格持续降低,企业对各种物联网设备的应用就越来越普及。这也意味着,企业需要更加关注物联网的安全。

2019 年,安全软件将成为物联网产品的关键组成部分,同时,硬件级安全措施将也受到关注,特别是对于处理特别敏感数据的应用程序。

通过硬件本身执行受信任的操作系统和应用程序可以帮助缓解网络攻击和威胁。但是,物联网硬件和软件的开放性却更容易受到网络攻击。以安全为重点的物联网设施将受到更多的关注,特别是某些特定的基础行业,如医疗健康、安全安防、金融等领域。

3. 更普及的智能消费

2018 年是智能家居设备快速发展的一年,各种智能化电子设备正在让我们的家庭生活变得越来越简单,扫地机器人让我们从基础家务中摆脱出来;智能音箱可以帮我们自动下购物订单。

2019 年,更多的智能化技术融入日常家庭生活中,智能化厨房会让做菜做饭更加轻松,智能监控会让家庭安全系统更加强大,智能办公桌、智能墙壁有望走进生活。我们将获得越来越多的自由时间,而这都是物联网技术带来的变革。

4. 更加关注人工智能

随着数据处理能力的提升,边缘计算将成为物联网的重要力量,因为它可以实现更高效的操作和更快捷的响应,而混合的物联网技术将变得更加普及。

2019 年,我们看到人工智能带来新物联网技术的重大进步。随着越来越多的企业使用物联网设备与技术,收集到的数据量呈现指数级增长,传统的计算方式已经无法满足数据处理需求。而 AI 则能填补数据收集和数据分析之间的空白,此外,AI 可以实现更好地图像处理、视频分析,创造更多的应用场景和商机。

对企业而言,投资人工智能比投资更多的传感器更有意义。

5. 移动访问更加轻松

智能手机的普及直接影响着物联网的普及。移动连接、传感器、导航芯片等成本的下降,以及零部件的快速小型化,将推动智能手机的功能越来越强大,越来越集成化。

物联网不再是未来的技术,已经成为当今数据驱动型经济的基础和支柱。随着 5G 的到来,移动设备对物联网网络的访问将大幅增加,越来越多的物联网数据将掌握在更多人的手中。

6. 物联网和数字化转型

物联网是多个行业数字化转型的关键驱动力。传感器、RFID 标签和智能信标已经开始了下一次工业革命。市场分析师预测,2018 年至 2020 年期间,制造业中联网设备的数量将翻一番。

对于许多行业来说,这些设备完全改变了游戏规则,改变了从开发到供应链管理和生产过程中的每一个环节,制造商将能够防止延误、提高生产性能。另外,在 2019 年,87％的医疗保健机构采用物联网技术,对于医疗保健机构和物联网智能药丸、智能家居护理、个人医疗保健管理、电子健康记录、管理敏感数据以及整体更高程度的患者护理来说,这种可能性是无穷无尽的。这种改进可以应用于许多垂直和水平行业。

7. 智能物联网的扩展

物联网完全是关于连接和处理的,没有比智慧城市更好的例子了,但是智慧城市最近有点停滞不前。部署在社区的智能传感器将记录步行路线、共用汽车使用、建筑物占用、污水流量和全天温度变化等所有内容,目的是为居住在那里的人们创造一个舒适、方便、安全和干净的环境。一旦模型被完善,它可能成为其他智慧社区和最终智慧城市的模板。

推广智能物联网的另一个领域是汽车行业。在未来几年,自动驾驶汽车将成为一种常态,如今大量车辆都有一个联网的应用程序,显示有关汽车的最新诊断信息。这是通过物联网技术完成的,物联网技术是联网汽车的核心。车辆诊断并不是我们将在未来一年看到的唯一物联网进步,而联网应用程序、语音搜索和当前交通信息将是改变我们驾驶模式的其他一些东西。

8. 物联网和区块链

当前物联网的集中式架构是物联网网络易受攻击的主要原因之一。随着数十亿设备的联网和更多设备的加入,物联网将成为网络攻击的首要目标,这使得安全性变得极其重要。

区块链为物联网安全提供了新的希望,原因有几个。首先,区块链是公共的,参与区块链网络节点的每个人都可以看到存储的数据块和交易并批准它们,尽管用户仍然可以拥有私钥来控制交易。其次,区块链是分散的,因此没有单一的权威机构可以批准消除单点故障(SPOF)弱点的交易。最后,也是最重要的,它是安全的,数据库只能扩展,以前的记录不能更改。

在未来几年,制造商将认识到将区块链技术嵌入所有设备中的好处,并争夺"区块链认证"等标签。

9. 物联网和标准化

标准化是物联网发展面临的最大挑战之一,它是希望在早期主导市场的行业领导者之间的一场斗争。包括 HomePod、Alexa 和 Google Assistant 在内的智能助理设备是智能设备下一阶段的未来枢纽,各个公司正在努力与消费者建立"消费者枢纽",以使他们能够更轻松地继续添加设备,而不会遇到挫折和麻烦。

但是我们现在的情况是支离破碎的。一种可能的解决方案是让有限数量的供应商主导市场,允许客户选择其中一个使用,并在任何其他的联网设备上坚持使用它,类似于我们现在使用的 Windows、Mac 和 Linux 操作系统,而这是在没有跨平台标准的情况下进行的。

要理解标准化的难度,我们需要处理标准化进程中的所有类别:平台、连接和应用。在平台的情况下,我们处理 UX / UI 和分析工具;连接处理客户与设备的接触点;应用程序是控制、收集和分析数据的家园。这三个类别都是相互关联的,我们需要它们,缺失任何一个类别都将阻碍标准化的进程。

如果没有像 IEEE 或政府机构这样的组织大力推动物联网设备的通用标准,就无法解决分散问题。

物联网研究和开发既是机遇,更是挑战。如果能够面对挑战,从深层次解决物联网中的关键理论问题和技术难点,并且能够将物联网研究和开发的成果应用于实际,则就可以在物联网研究和开发中获得发展的机遇。无论是智能住宅、联网汽车还是智能工厂,所有智能化技术的核心都是设备间的网络互联,而这正是我们耳熟能详的物联网(IoT)。据预测,到2020 年,将有 500 亿个"事物"实现互相通信或是通过互联网进行沟通。[4]

挑战一:低功耗是重中之重

物联网从一个利基市场(小众市场)不断发展成为一个几乎将我们生活各个方面都连接在一起的庞大网络,面对如此广泛的应用,功耗是至关重要的。在物联网领域中,许多联网器件都是配备有采集数据节点的微控制器(MCU)、传感器、无线设备和制动器。在通常情况下,这些节点将由电池供电运行,或者根本就没有电池,而是通过能量采集来获得电能。特别是在工业装置中,这些节点往往被放置在很难接近或者无法接近的区域。这意味着它们必须在单个纽扣电池供电的情况下实现长达数年的运作和数据传输。

挑战二:感测必不可少

如果没有感测,那么物联网也将不复存在。传感器、微型器件和节点是构成整个物联网系统的基石,它们能够测量、生成数据并将数据发送给其他节点或云端设备。无论是感测住宅的房门是否关闭,还是汽车的机油是否需要更换,抑或是生产线上的某个设备会不会出现故障,传感器采集到的数据都是关键信息。

因为传感器采集了海量的数据,特别是在工业物联网(IIoT)中更是如此,所以传感器软件的创新与传感器硬件的创新同样重要。当获得了海量的信息时,如何确定信息是不是过多？如何判定所掌握的数据是不是有用？其中极为重要的一环就是算法。一旦有了合适的算法并且得以充分利用，它们将改变制造业。工厂会变得越来越小，效率却越来越高。

挑战三：连通性选择由繁化简至关重要

一旦传感器数据被低功耗节点采集，这些数据必须被传送到某个地方。在大多数情况下，它会被传送至一个网关，这是物联网系统中互联网与云或其他节点之间的中间点。目前，根据独特的使用情况和不同的需求，我们可以选择多种有线或无线的方式来连接设备。各项不同连通性标准和技术都有其特殊的价值与用途，不过将 Wi-Fi、Bluetooth、Sub-1 GHz 和以太网中的所有这些标准都整合起来却是一项巨大的工程。鉴于产品的多样性以及需要将连通性添加到很多标准与技术并不相同且大多数此前并不具备互联网连通性的产品中，这就需要采用复杂的技术，并使其变得更加简单。

挑战四：管理云端连通性是关键

一旦数据通过一个网关，它在大多数情况下会直接进入云端。在这里，数据被分析、检查，然后付诸实施。物联网的价值源自云端服务上运行的数据。正如连通性一样，云端服务的选择也有很多，这也是物联网发展中另一个复杂点。

为了满足那些使用多个云端服务的用户的需求，必须开发物联网云端生态系统，提供集成的 TI 技术解决方案。可喜的是，由于云端技术已经实现了良好的成本效益，物联网目前正以极快的步伐飞速发展。不过，为了实现物联网的进一步增长，在复杂度简化方面还有很多工作要做。

挑战五：安全性是广泛采用的关键

越来越多的设备变得"智能化"，越来越多的潜在安全性漏洞将出现。这需要业界研究构建先进的硬件安全机制，同时将安全机制成本和功耗保持在较低的水平上。这需要相关厂商在集成安全协议和安全性软件方面投入大量的人力物力，努力减少把高级安全性功能添加到物联网产品中所遇到的障碍，以确保在保障安全性方面降低门槛。

挑战六：为经验不足的开发人员提供简易物联网解决方案

虽然物联网技术曾经主要由技术公司使用，但是从目前来看甚至在未来一段时间里，物联网技术将在有着一定技术背景限制的行业中被广泛应用。以一个生产龙头公司为例。直到目前，由于没有任何需求，电气工程师也许从未在龙头制造公司工作过。但是如果这家公司打算生产接入互联网的花洒，那么其在人力和时间方面的投入将是巨大的。因此，物联网技术必须能够轻松地添加到其现有和未来的产品中，而无须网络和安全工程师参与其中。这些公司不需要像一家互联网技术公司那样，在技术学习方面投入，他们现在可以从相关企业获得现成可用的技术。对于相关技术公司来说，如何为这些经验不足的开发人员提供简易且立即见效的物联网解决方案，这是挑战更是机遇。

1.2 物联网与智能卡

物联网知识科普-
定义和发展历程

1.2.1 基本概述

物联网的基本理念是通过信息传感设备，按照约定的协议，把任何物品与互联网连接起来，进行信息交换和通信，以实现智能化识别、定位、跟踪、监控和管理的一种网络。感知延伸层是整个物联网体系架构中涉及面最广的一层,智能卡在整个物联网架构中属于感知延伸层部分。

物联网感知层的关键技术包括传感器技术、射频识别技术、二维码技术、蓝牙技术以及ZigBee 技术等。物联网感知层的主要功能是采集和捕获外界环境或物品的状态信息,在采集和捕获相应信息时,会利用射频识别技术先识别物品,然后通过安装在物品上的高度集成化微型传感器来感知物品所处环境信息以及物品本身状态信息等,实现对物品的实时监控和自动管理。而这种功能得以实现,离不开各种技术的协调合作。

射频识别(radio frequency identification,RFID)技术,又称无线射频识别,是一种通信技术,可通过无线电信号识别特定目标并读写相关数据,而无须识别系统与特定目标之间建立机械或光学接触。从概念上来讲,RFID 类似于条码扫描,对于条码技术而言,它是将已编码的条形码附着于目标物并使用专用的扫描读写器利用光信号将信息由条形磁传送到扫描读写器;而 RFID 则使用专用的 RFID 读写器及专门的可附着于目标物的 RFID 标签,利用频率信号将信息由 RFID 标签传送至 RFID 读写器。

RFID 是一项易于操控,简单实用且特别适合用于自动化控制的灵活性应用技术。可自由工作在各种恶劣环境下:短距离射频产品不怕油渍、灰尘污染等恶劣的环境,可以替代条码,如用在工厂的流水线上跟踪物体;长距射频产品多用于交通上,识别距离可达几十米,如自动收费或识别车辆身份等。RFID 的优点归纳如下。

(1) 扫描识别方面:电子标签(RFID)识别更准确,识别的距离更灵活,可以做到穿透性和无屏障阅读。

(2) 数据的记忆体容量:RFID 最大的容量则有数 MB,随着记忆载体的发展,数据容量也有不断扩大的趋势。

(3) 抗污染能力和耐久性:RFID 对水、油和化学药品等物质具有很强抵抗性;RFID 卷标是将数据存在芯片中,因此可以免受污损。

(4) 可重复使用:RFID 标签则可以重复地新增、修改、删除 RFID 卷标内储存的数据,方便信息的更新。

(5) 体积小型化、形状多样化:RFID 在读取上并不受尺寸大小与形状限制,不需为了读取精确度而配合纸张的固定尺寸和印刷品质。此外,RFID 标签更可往小型化与多样形态发展,以应用于不同产品。

(6) 安全性:RFID 承载的是电子式信息,其数据内容可经由密码保护,使其内容不易被伪造及变造。

随着智能设备以及 NFC 的普及,用 RFID 卡支付变得越来越流行。现在的非接触式卡片(包括但不限于社保卡、饭卡、交通卡、门禁卡等)都是使用的 RFID 技术。

中国智能卡的发展,从 20 世纪 90 年代中期开始起步,此后一路高歌猛进,在各种行业应用中都有了智能卡的身影。回眸过往,人们依然清晰地记得 20 世纪 90 年代末电信卡对行业市场铺天盖地地席卷。如果智能卡在电信领域的推行是一次行业应用的拓展,那么进入 21 世纪之后,居民二代身份证的换发则将智能卡的发展推向了第一个巅峰。

自金卡工程启动至今,中国智能卡事业发展已有 20 多年。近年来,一卡多用的现象越来越广泛,各种各样的一卡通的应用越来越普及。在未来时间里,智能卡一卡多用的技术将越来越成熟,以后人们的生活与消费仅仅使用一张卡就能够完成全部的应用。

现在,我国智能卡应用的主要领域包括:身份识别领域、通信领域、金融领域、一卡通领域以及社保领域等,其中银行 IC 卡、城市一卡通、二代身份证、居住证、移动通信卡、社保卡等是最主要的应用方向。

物联网的重要应用领域有智能医疗、智能交通以及金融与服务业等。在智能医疗领域,医疗卡以及社保卡使百姓就医变得简单;在智能交通领域,高速公路快通卡与城市一卡通等非接触智能卡使交通变得更加便捷,更加高效;在金融与服务业领域,银行 IC 卡的发行可以在很大程度上提高个人账户的安全性。现如今,银行 IC 卡、城市一卡通、社保卡、居住证等已成为智能卡市场的热点领域。[5]

1.2.2　接触式 IC 卡和非接触式 IC 卡

非接触式 IC 卡又称射频卡,由 IC 芯片、感应天线组成,封装在一个标准的 PVC 卡片内,芯片及天线无任何外露部分。非接触式 IC 卡是最近几年发展起来的一项新技术,它成功地将射频识别技术和 IC 卡技术结合起来,结束了无源(卡中无电源)和免接触这一难题,是电子器件领域的一大突破。卡片在一定距离范围(通常为 5～10 cm)靠近读写器表面,通过无线电波的传递来完成数据的读写操作。

非接触式 IC 卡又可分为:

(1) 射频加密(RF ID)卡(通常称为 ID 卡)。射频卡的信息存取是通过无线电波来完成的,主机和射频之间没有机械接触点,比如 HID、INDARA、TI、EM 等。大多数学校使用的饭卡(厚度比较大的)、居民小区的门禁卡,属于 ID 卡。

(2) 射频存储(RF IC)卡(通常称为非接触 IC 卡)。射频存储卡也是通过无线电来存取信息。它是在存储卡基础上增加了射频收发电路,比如 MIFARE ONE。一些城市早期使用的公交卡,一些学校使用的饭卡、热水卡,属于射频存储卡。

(3) 射频 CPU(RF CPU)卡(通常称为有源卡)。射频 CPU 卡是在 CPU 卡的基础上增加了射频收发电路。CPU 卡拥有自己的操作系统 COS,才称得上是真正的智能卡。大城市的公交卡、金融 IC 卡,极少数学校的饭卡,属于射频 CPU 卡。

接触式 IC 卡的芯片金属触点暴露在外,用肉眼可以看见,通过芯片上的触点读写可与外界接触和交换信息。接触式 IC 卡必须将 IC 卡插入主机卡口内,通过有线方式传输数据。此类卡易磨损,怕油污。美国的 TM 卡就是接触式 IC 卡。

常用的接触式 IC 卡国产芯片型号是 4442、4428。ISSI4442、复旦 EM4442、贝岭 BL7442 与西门子原装芯片 SLE5542 兼容。

与接触式 IC 卡相比较,非接触式 IC 卡(射频卡)具有以下优点:

(1) 可靠性高。卡与读写器之间无机械接触,避免了由于接触读写而产生的各种故障。例如,由于粗暴插卡、非卡外物插入、灰尘、油污导致接触不良造成的故障。

(2) 操作方便、快捷。由于非接触通信,读写器在 1～10 cm 内就可以对卡片操作,所以不必像 IC 卡那样进行插拔工作,非接触卡使用时没有方向性,卡片可以任意方向掠过读写器表面,可大大提高每次使用的速度。

(3) 防冲突。非接触式 IC 卡中有快速防冲突机制,能防止卡片之间出现数据干扰,因此读写器可以同时处理多张非接触式射频卡。

（4）应用范围广。非接触式 IC 卡的存储器结构特点使它一卡多用；可应用于不同的系统，用户根据不同的应用设定不同的密码和访问条件。

（5）加密性能好。非接触式 IC 卡的序列号是唯一的，制造厂家在产品出厂前已将此序列号固化，不可再更改；非接触式 IC 卡与读写器之间采用双向验证机制，即读写器验证非接触式 IC 卡的合法性，同时射频卡也验证读写器的合法性；非接触式 IC 卡技术就是射频识别技术和 IC 卡技术相结合的产物。

如果从射频识别技术角度出发，可以认为非接触式 IC 卡是一种相对特殊的射频识别标志（即应答器），其读写设备就是寻呼器；如果从 IC 卡技术的角度出发，也可以认为射频识别产品是一种特殊的非接触式 IC 卡，其寻呼器即为读写设备。所以，非接触式 IC 卡应用系统的组成及工作原理同射频识别应用系统十分类似。

当然，将射频识别技术用于非接触式 IC 卡也对它产生了特殊的要求，以满足卡的要求，从技术上看主要有以下三点：

（1）由于 IC 卡的尺寸限制，卡上的应答器不能有电源系统，需要由寻呼器（读写设备）通过无线方式供电。

（2）由于 IC 卡的尺寸限制，卡上应答器的天线需要特殊设计，卡需特殊封装和制造。

（3）由于非接触式 IC 卡特殊的应用环境，卡上应答器还需具有如下特点：操作快捷，高抗干扰性，能同时操作多张卡片，高可靠性等。

1.3 智能卡概述

物联网应用直接
受益产业之智能卡

1.3.1 什么是智能卡

智能卡（smart card）又称集成电路卡，即 IC 卡（integrated circuit card）。它将一个集成电路芯片镶嵌于塑料基片中，封装成卡的形式，其外形与覆盖磁条的磁卡相似。

IC 卡的概念是 20 世纪 70 年代初提出来的，法国布尔（BULL）公司于 1976 年首先创造出 IC 卡产品，并将这项技术应用到金融、交通、医疗和身份证明等多个行业，它将微电子技术和计算机技术结合在一起，提高了人们生活和工作的现代化程度。

IC 卡芯片具有写入数据和存储数据的能力，IC 卡存储器中的内容根据需要可以有条件地供外部读取或供内部信息处理和判定之用。根据卡中所镶嵌的集成电路的不同，IC 卡可以分成以下三类：

（1）存储器卡。卡中的集成电路为 E2PROM（可电擦除的可编程只读存储器）。

（2）逻辑加密卡。卡中的集成电路具有加密逻辑和 E2PROM。

（3）CPU 卡。卡中的集成电路包括中央处理器（central processing unit，CPU）、EPROM、随机存储器（random access memory，RAM）以及固化在只读存储器（read-only memory，ROM）中的片内操作系统（chip operating system，COS）。

另外，还有一种 ASIC（专用集成电路）卡，它是在逻辑加密卡基础上增加一些专用电路，如完成加密/解密运算的电路等。但由于卡内没有 CPU，所以完成的功能是固定的，没有灵活性。本书对这种芯片没有进行专门讨论，因为在讨论了前面三种卡以后，ASIC 卡的结构与功能也就明确了。

按应用领域来分,IC 卡可分为金融卡和非金融卡两种。金融卡又分为信用卡(credit card)和现金卡(debit card)等。信用卡主要由银行发行和管理,持卡人用它作为消费时的支付工具,可以使用预先设定的透支限额资金。现金卡又称储蓄卡,可用作电子存折和电子钱包,不允许透支。非金融卡往往出现在各种事务管理、安全管理场所,如身份证明、健康记录和职工考勤等。一些预付费卡,如用于公交系统中的交通卡和电表上的 IC 卡等,各由相应的管理单位发行(可委托银行收费),这种卡兼有一部分电子钱包的功能,在本书中仍将它列为非金融卡。[6]

按卡与外界数据传送的形式来分,IC 卡可分为接触式 IC 卡和非接触式 IC 卡两种。在接触式 IC 卡上,IC 芯片有 8 个触点可与外界接触。非接触式 IC 卡的集成电路不向外引出触点,因此它除包含前述三种 IC 卡的电路外,还带有射频收发电路、天线及其相关电路。非接触式卡出现较晚,但由于它具有一些接触式 IC 卡所不能替代的优点,因此在某些应用领域发展得很快。

在 IC 卡推出之前,从世界范围来看,磁卡已得到广泛应用,为了从磁卡平稳过渡到 IC 卡,也是为了兼容,在 IC 卡上仍保留磁卡原有的功能。也就是说,在 IC 卡上仍贴有磁条,因此 IC 卡也可同时作为磁卡使用。接触式 IC 卡的正面左侧的小方块中有 8 个触点,其下面为凸型字符,背面有磁条。正面还可印刷各种图案,甚至人像。卡的尺寸、触点的位置与用途、磁条的位置及数据格式等均有相应的国际标准予以明确规定。

无论是磁卡还是 IC 卡,卡上都有唯一的发行人和持卡人的识别标志,这种卡称为"识别卡"。

1.3.2 智能卡安全

智能卡一般用作证件或替代流通领域中的现金、支票,随着智能卡的推广使用,利用它进行欺诈或作弊的行为也会不断增加,对于出现的不安全问题的解决办法需要在提供合理防护保证与所需的成本和投资之间进行平衡,从而提出一个折中的解决办法。

在众多金融卡安全问题中,有下列基本问题需要解决:

(1) 智能卡和接口设备之间的信息流通。这些流通的信息可以被截取分析,从而可被复制或插入假信号。

(2) 模拟智能卡(或伪造智能卡)。模拟智能卡与接口设备之间的信息,使接口设备无法判断出是合法的还是模拟的智能卡。

(3) 非法使用他人的 IC 卡。

(4) 在交易中间更换智能卡。在授权过程中使用的是合法的智能卡,而在交易数据写入之前更换成另一张卡,因此将交易数据写入替代卡中。

(5) 修改信用卡中控制余额更新的日期。信用卡使用时需要输入当天日期,以供卡判断是否是当天第一次使用,即是否应将有效余额项更新为最高授权余额(也即是前面讲到的,允许一天内支取的最大金额)。如果修改控制余额更新的日期(即上次使用的日期),并将它提前,则输入当天日期后接口设备会误认为是当天第一次取款,于是将有效余额更新为最高授权余额。因此,利用窃来的卡可取走最高授权的金额,其危害性还在于(在银行提出新的黑名单之前)可重复多次作弊。

（6）商店雇员的作弊行为。接口设备写入卡中的数据不正确，或雇员私下将一笔交易写成两笔交易，因此接口设备不允许被借用、私自拆卸或改装。

其他卡有相似的或不同的安全问题（根据应用要求）。

为了安全防护，一般采取以下措施：

（1）对持卡人、卡和接口设备的合法性的相互检验。

（2）重要数据加密后传送。

（3）检验数据的完整性，以防止卡内数据被删除、增加或修改。

（4）在卡和接口设备中设置安全区，安全区中包含有逻辑电路或外部不可读的存储区，若有任何有害的不合规范的操作，将自动禁止卡的进一步操作。

（5）有关人员明确各自的责任，并严格遵守。

（6）设置黑名单。

密钥是存放在卡和接口设备中的秘密数据，绝对不允许向外界泄露，智能卡和接口设备的相互认证以及重要数据的发送和接收都是通过密钥和相应的密码算法实现的。在数据发送方，用密钥对数据进行加密运算后发送；在接收方，用密钥对数据进行解密运算恢复成加密前的数据。

IC 卡系统中常用如下三种密码算法：

（1）对称密钥密码算法或秘密密钥密码算法（data encryption standard，DES）。

（2）非对称密钥密码算法或公共密钥密码算法（rivest shamir adleman，RSA）。

（3）消息摘要算法（message-digest algorithm，MD5）。

对持卡人、智能卡和接口设备之间的相互认证以及数据的加密，均可采用这两种密码算法中的一种。

与加密和解密有关的还有密钥管理，密钥管理包括密钥的生成、分配、保管和销毁等。对传输的信息进行加密，以防被窃取、更改，从而避免造成损失。对存储的信息进行加密保护，使得只有掌握密钥的人才能理解信息。

为防止信息被篡改、伪造或过后否认，特别是对被传输的信息，加密认证就显得更为重要。加密认证包括：

（1）信息验证。防止信息被篡改，保护信息的完整性，要求在接收时能发现被篡改的数据，例如可采用一定的算法产生附加的校验码，在接收点进行检验。

（2）数字签名（电子签名）。要求：收方能确认发方的签名；发方签名后，不能否认自己的签名；发生矛盾时，公证人（第三方）能仲裁收方和发方的问题。为实现数字签名，一般要求用公共密钥解决。

（3）身份认证。用 password 或个人标识号进行认证，更可靠的是利用生物特征。

从磁卡使用情况来看，造成发卡行损失的有如下两种情况：

（1）呆账。持卡人到时不付账。

（2）作弊。由于犯罪行为引起的，因此在塑料卡上采取了一些防范措施。例如，VISA卡采取了以下措施：正面有全息飞鸽图形；精细的底版印刷；非凸形的标识号；卡片上有签字条，当签字被更改时，签字条立即显示出 VOID（作废）。其他根据需要还可以作出照片、指纹等个人标识。除卡片外，磁条更有问题，因为磁条上的记录具有以下特点：可读出，可更改，可伪造，可模拟，可擦掉。为了避免由于作弊造成的损失，使用磁卡时（尤其是超过现额时)需经过授权验证。读取 IC 卡中的信息比磁卡难,尤其是智能卡,可通过加密验证等手段使得冒用或伪造变得困难起来,因此可使用在脱机情况下。但是,实际上没有绝对的秘密可言,因为客观上存在着能力很强的对手,即使有加密方法,也肯定能找到解密的方法,只不过是要耗费多大代价,需要多少时间,是否值得的问题,即使是好的设计也会存在不同程度的可被击破的弱点。[7]

1.3.3 智能卡的国际标准

智能卡是智能卡技术的核心,它的性能和成本对智能卡技术的推广和使用起着举足轻重的作用,为了提高智能卡的标准化和通用性,国际标准化组织对智能卡的接口和通信协议作了详细规定。

接触型 IC 卡的国际标准:

(1) 物理特性符合 ISO 7816 中规定的各类识别卡的物理特性和 ISO 7813 中规定的金融交易卡的全部尺寸要求,此外还应符合国际标准 ISO 7816-1:1987 规定的附加特性、机械强度和静电测试方法。

(2) 触点尺寸与位置,应符合国际标准 ISO 7816-2:1988 中的规定。

(3) 电信号与传输协议、IC 卡与接口设备之间电源及信息交换应符合 ISO/IEC 7816-3:1989 的规定。

(4) 行业间交换用命令,有相应的国际标准 ISO/IEC 7816-4。

(5) 应用标识符的编号系统和注册过程应符合国际标准 ISO/IEC 7816-5:1994 中的规定。

一卡通世界

非接触式 IC 卡的国际标准有:ISO/IEC 10536、ISO/IEC 14443、ISO/IEC 15693 等。(详见附录)

课 后 习 题

1.1 物联网的概念是什么?

1.2 物联网可以分为哪几个层次?每个层次的主要内容是什么?

1.3 物联网的演进路径可以分为哪几种?每种都是如何发展的?

1.4 简述物联网的发展历程。

1.5 物联网的发展趋势可以概括为哪几点?

1.6 物联网应用遇到的挑战是什么?

1.7 物联网与智能卡的关系是什么?

1.8 物联网感知层的关键技术有哪些?

1.9 什么是 RFID 技术?

1.10 RFID 技术的优点有哪些?

1.11 什么是接触式 IC 卡?什么是非接触式 IC 卡?

1.12 与接触式 IC 卡相比,非接触式 IC 卡的优点是什么?

1.13 智能卡的概念是什么?

1.14 IC 卡可以分为哪几类?

1.15 智能卡需要解决的安全问题有哪些?

1.16 一般采用哪些方式来解决智能卡安全问题?

1.17 IC 卡中常见的密码算法有哪些?

1.18 接触式 IC 卡的国际标准有哪些?

1.19 非接触式 IC 卡的国际标准有哪些?

第2章 接触式智能卡

智能卡（smart card），也称 IC 卡（integrated circuit card，集成电路卡）、微电路卡（microcircuit card）或微芯片卡等。它是将一个微电子芯片嵌入符合 ISO 7816 标准的卡基中，制成卡片形式。IC 卡与读写器之间的通信方式可以是接触式，也可以是非接触式。通过通信接口把 IC 卡分成接触式 IC 卡、非接触式 IC 和双界面卡（同时具备接触式与非接触式通信接口）。

接触式 IC 卡，通俗来说是指芯片暴露在外面的芯片卡，在使用时通过固定形状的金属电极触点将卡的集成电路与外部接口设备进行直接接触连接，提供集成电路工作的电源并进行数据交换的 IC 卡。IC 卡的主要特点是在卡的表面有符合 ISO/IEC 7816 标准的多个金属触点，此外 IC 卡的机械特性、电气特性都遵循 ISO/IEC 7816 标准规定。

IC 卡的最初是 1969 年由日本人提出的，日本人有村国孝提出一种制造安全可靠的信用卡方法，并于 1970 年获得了专利，那时称为 ID 卡。1974 年，法国的罗兰莫雷诺发明了带集成电路芯片的塑料卡片，同时取得专利权，这就是早期的 IC 卡。1976 年法国布尔公司研制出世界第一张 IC 卡。1984 年，法国开始将 IC 卡用于电话卡，由于 IC 卡良好的安全性和可靠性，获得了意想不到的成功。随后，国际化标准组织（ISO）与国际电工委员会（IEC）的联合技术委员会为之制定了一系列的国际标准、规范，极大地推动了 IC 卡的研究和发展。[8]

2.1 接触式 IC 卡的整体架构

IC 卡与读写器之间的交互包含数据和控制信息的双向传输。IC 卡既可以看作卡片形式的芯片，也可以看作是像芯片一样工作的卡片。持卡人使用 IC 卡时，需要等待 IC 卡完成相应国际标准规定的操作，以便 IC 卡与读写器完成数据交互实现相应功能的目的。

每次使用接触式 IC 卡时，持卡人以及卡与读写器之间自动执行的操作步骤如图 2.1.1 所示。

（1）持卡人向读写器插入 IC 卡

插卡人先将 IC 卡按照正确的方向插入，读写器在接收到卡插入的信息后，按一定时序向 IC 卡的各个触点提供电源、复位信号和时钟等，以满足卡内电路、微处理器、存储器等正常工作的需要。

图 2.1.1 持卡人及卡与读写器之间操作步骤流程图

（2）IC 卡向读写器返回复位应答信号

此步骤的内容包括 IC 卡发行者的标识符以及卡支持的一些基本参数。

实现步骤（1）和步骤（2）的内容将在本章中讨论。如果读写器不支持该卡和卡的发行者标识或存在某些错误，将停止操作；否则进入步骤（3）。

（3）读写器向 IC 卡发出命令

IC 卡对命令进行处理后，向读写器返回数据（如果该命令要求返回数据）和处理状态，后者表示该命令是执行成功或存在错误而失效。

然后继续执行下一条命令，……，直到完成本次使用的全部功能。

从安全角度出发，在本步骤中一般按以下顺序操作：

① 读写器与 IC 卡相互认证对方是否合法。

② 持卡人输入密码（PIN），验证持卡人身份的合法性。

③ 实现应用所需的功能。

上述每一步都由若干条命令组成的子程序完成。在国际标准 ISO/IEC 7816 中定义了各条命令能完成的功能，但是在卡内微处理器指令能完成的操作与它差别极大，为此在卡内设计了操作系统，通过微处理器执行各段子程序完成 IC 卡中的各条命令的功能，是操作系统的主要功能之一。[9]

（4）完成操作

在使用 IC 卡的一次操作完成后，读写器按一定顺序撤销向 IC 卡提供的电源、时钟信号等。

（5）持卡人拔卡

持卡人将卡拔出。

接触式 IC 卡

2.2 接触式 IC 卡典型应用

接触式 IC 卡在生活中随处可见,如手机中的 SIM 卡、UIM 卡、USIM 卡,银行推广的金融 IC 卡,酒店使用的房卡,医保卡,会员卡等。图 2.2.1 列举了市场上应用的接触式 IC 卡以及配套的读卡器。

图 2.2.1 接触式 IC 卡典型应用

下面以医保卡使用流程为例,进一步说明接触式 IC 卡在市场上的应用流程,如图 2.2.2 所示。

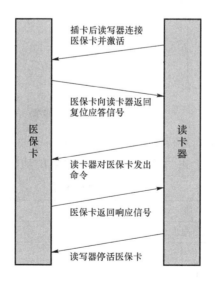

图 2.2.2 医保卡应用流程

2.3 接触式 IC 卡的触点位置和功能

ISO/IEC 7861-2 规定了 ID-1 型集成电路卡各触点的尺寸、位置和功能。规定每个触点都应有一个不小于 2.0 mm×1.7 mm 的矩形表面区域,各触点区间应互相隔离,但未规定触点的形状和最小尺寸。

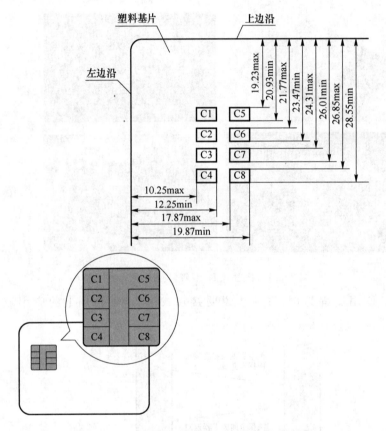

图 2.3.1 触点的位置

IC 卡有 8 个触点,从 C1 到 C8,触点可安排在卡的正面或反面。触点的位置如图 2.3.1 所示(以卡的接触面的左边和上边为基准线)。每个触点的功能如表 2.3.1 所示。

表 2.3.1 触点功能表

触点编号	功　　能	触点编号	功　　能
C1	V_{CC}(电源电压)	C5	GND(地)
C2	RST(复位信号)	C6	V_{PP}(编程电压)
C3	CLK(时钟)	C7	I/O(数据)
C4	ISO/IEC JTC1/SC17 保留于将来使用	C8	ISO/IEC JTC1/SC17 保留于将来使用

2.4 接触式集成电路卡的电信号和传输协议

ISO/IEC 7816-3/10 中规定了电源及信号的结构,以及 IC 卡和读写器之间的信息交换,包括信号频率、电压电平、电流值、奇偶校验协定、操作过程、传送机制以及读写器与 IC 卡之间的通信协定等。这里不包括信息和命令的内容。

IC 卡支持两种传输协议:同步传输协议和异步传输协议。前者在 ISO/IEC 7816-10 中定义,适用于逻辑加密卡;后者在 ISO/IEC 7816-3 中定义,适用于内含微处理器的智能卡。逻辑加密卡已在公交、医疗、校园一卡通等领域广泛使用,但逻辑加密卡采用的是流密码技术,密钥长度也不是很长,因此逻辑加密卡芯片存在一定的安全隐患,有被破解的可能。而在金融、身份识别、电子护照等对安全要求比较高的领域目前更倾向于使用内嵌微处理器的智能卡。此类卡内部有双重安全机制:第一重保护是芯片本身集成的加密算法模块,芯片设计公司通常都会经实践检验最安全的几种加密算法集成入芯片,目前比较常见的安全算法有 RSA、3-DES 等;第二重保护是 CPU 卡芯片特有的 COS 系统,COS 可以为芯片设立多个互相独立的密码,密钥以目录为单位存放,每个目录下的密钥相互独立,并且有防火墙功能,同时 COS 内部还设立密码最大重试次数以防止恶意攻击。

2.4.1 触点的功能

在 ISO 7816-2 中对 IC 卡的 8 个触点做出了如下规定。
- I/O:IC 卡的串行数据的输入端和输出端。
- V_{CC}:电源电压输入端。电压容错范围为 10%。目前有 3 种使用不同电压的 IC 卡 (5V、3V 和 1.8V),当 IC 卡不慎插入提供高电压的读写器时,不应损坏,内容也不允许被修改。
- GND:地(参考电压)。
- V_{PP}:EPROM 的编程电压输入端。一般 IC 卡内部有升压电路,将 V_{CC} 电压升到 EPROM 编程电压,V_{PP} 触点已无用。
- CLK:时钟或定时信号输入端(由卡选用)。
- RST:复位信号(总清信号),可由读写器提供复位信号给 RST 触点,或由 IC 卡内部的复位控制电路在加电时产生内部复位信号。如果实现内部复位,必须提供电压到 V_{CC} 端。

剩下两个触点的用途将在相应的应用标准中规定,某些接触式 IC 卡仅有 6 个触点。

I/O 触点有如下两种可能的状态:

(1) 高状态(Z 状态)。当卡和读写器均处在接收方式时,I/O 端处于 Z 状态,也可被发送方固定为 Z 状态。

(2) 低状态(A 状态)。可被发送方规定为 A 状态。

卡与读写器均处于接收方式时,I/O 端处于 Z 状态。卡与读写器处于不匹配的传输方式时,I/O 端的逻辑状态可能是不确定的。在操作期间,卡与读写器不能同时处于发送方式。

2.4.2 接触式 IC 卡的操作过程和卡的复位

1. 读写器和卡之间对话的操作顺序

(1) 读写器连接卡(插卡),并激活(active)IC 卡。

(2) 卡的冷复位(reset)。

(3) 卡对复位的应答(answer to reset,ATR)。

(4) 在卡与读写器之间连续进行信息交换(读写器发命令,IC 卡返回响应)。

(5) 读写器停活 IC 卡(终止操作)。

2. 读写器激活 IC 卡的操作顺序

(1) RST 处于 L 状态。

(2) V_{CC} 加电。

(3) 读写器的 I/O 端处于接收方式。

(4) 提供稳定的 CLK。

3. IC 卡的复位

IC 卡的复位有冷复位和热复位两种。

- 冷复位:当 IC 卡的电源电压和其他信号从静止状态被按一定顺序加上时,称为冷复位,IC 卡发回应答信号 ATR。

- 热复位:在电源电压 V_{CC} 和时钟 CLK 处于激活状态下,读写器发出的复位称为热复位,IC 卡发回应答信号 ATR。

卡与读写器的交互,总是起始于冷复位,之后,读写器可启动热复位但非必须有热复位。

(1) 冷复位

如图 2.4.1 所示,在 T_s 时间读写器在 CLK 端加时钟信号。I/O 端应在时钟信号加于 CLK 的 200 个时钟周期(t_s)内被卡置于状态 Z(t_s 时间在 T_a 之后)。时钟加于 CLK 后,保持 RST 为状态 L(低电平)至少 400 周期(t_b)(t_b 在 T_a 之后)。

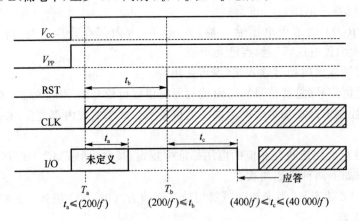

图 2.4.1 激活和冷复位

在时间 T_b,读写器将 RST 置于状态 H(高电平)。I/O 上的应答由 IC 卡发出,应在 RST 信号的上升沿之后的 400~40 000 个时钟周期(t_c 在 T_b 之后)。

在 RST 处于状态 H 的情况下,如果应答信号在 40 000 个时钟周期内仍未开始,RST

上的信号将返回到状态 L，各触点的状态按照图 2.4.2 被读写器释放（停活），IC 卡终止操作。

（2）热复位

按照图 2.4.2 所示，当 V_{CC} 和 CLK 保持稳定时，读写器置 RST 为状态 L 至少 400 时钟周期（时间 t_c）后，读写器启动热复位。

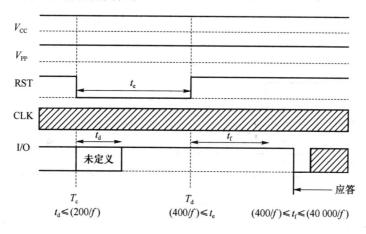

图 2.4.2　热复位

在时间 T_d，RST 置于状态 H。I/O 的应答在 RST 信号上升沿之后的 400～40 000 个时钟周期（t_f）开始（时间 t_f 在 T_d 之后）。

在 RST 处于状态 H 时，如果 IC 卡的应答信号未在 40 000 个周期之内开始，RST 上的信号将返回状态 L，且电路按图 2.4.4 所示被读写器停止相应活动。

（3）时钟停止（暂停）

对于支持时钟停止的卡，当读写器不希望从卡得到信息时，并且在 I/O 保持在状态 Z 至少 1 860 个时钟周期（t_g），按照图 2.4.3 所示，读写器可停止 CLK 上的时钟（在时间 T_e）。

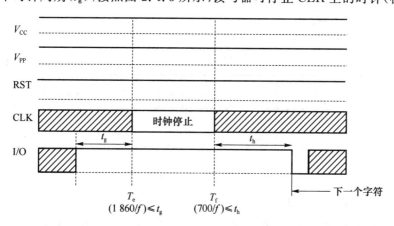

图 2.4.3　时钟停止

当时钟被停止（从 T_e 到 T_f），CLK 应保持在状态 H 或状态 L。这个状态由复位应答 ATR 的参数 X 指明。

在时间 T_f，读写器重启时钟并且 I/O 上的信息交换可在至少 100 个时钟周期后继续

（时间 t_b 在 T_f 之后）。

4. 停活

当信息交换结束或失败时（如无卡响应或发现卡被移出），读写器应按以下顺序停活 IC 卡（如图 2.4.4 所示）：

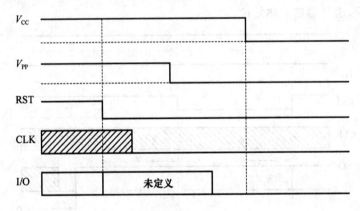

图 2.4.4 停活

(1) RST 应为状态 L。

(2) CLK 应为状态 L（除非时钟已在状态 L 上停止）。

(3) I/O 应被置为状态 A。

(4) V_{CC} 应被停活降至 0V。

2.4.3 异步传输的复位应答 ATR

复位应答信号以字符为单位（称为字符帧）进行传送。下面先介绍字符帧，然后描述复位应答信号。

1. 字符帧

字符帧如图 2.4.5 所示。

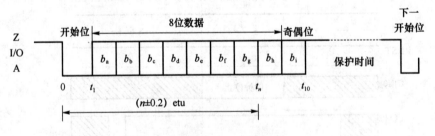

图 2.4.5 字符帧

在传送字符前，I/O 处于状态 Z。

每个字符由 10 位组成：起始位（1 位）为状态 A，8 位数据 $b_a \sim b_h$，第 10 位 b_i 为偶校验位（从 b_a 到 b_i，1 的个数为偶数是正确的）。每一位在 I/O 触点上的持续时间定为基本时间单元 etu。在复位应答期间，1etu=372 个时钟周期，即 1etu=372/f，f 为时钟频率。一个数据字节由 $b_1 \sim b_8$ 组成，b_1 为最低位，b_8 是最高位。接收方在每一位的中间(0.5±0.2)etu 采样，采样时间应少于 0.2etu。

两个连续字符之间的延时(两起始位下降沿之间)至少为12个基本时间单元,包括字符宽度10个etu和一段保护时间,在保护时间内,读写器和卡都处于接收状态,因此I/O触点处于状态Z。

在复位应答期间,卡发出的两个连续字符的起始位下降沿之间的演示不得超过9 600etu,这个最大值称为初始等待时间。

当奇偶校验不正确时,从起始位下降沿之后的10.5etu开始,收方发送状态A作为出错信号,该信号宽度为1个etu或2个etu。发方检验I/O是在起始位下降沿之后的11etu处,若I/O处于状态Z,则认为接收是正确的;若I/O处于状态A,则认为有错,收方期望发方重发有错的字符(对使用$T=0$异步传输协议的卡必须重发,对接口设备和其他的卡则是可选择的)。[10]

2. 复位应答信息的内容

复位应答信息主要包括IC卡的发行者和应用标识符以及信息传输的基本参数等。假如读写器发现问题,可立即停止操作或为后面的操作提供指示。

卡产生的复位应答信息按以下顺序传送,初始字符T_S,格式字符T_0,接口字符TA_i、TB_i、TC_i、$TD_i(i=1,2,\cdots)$,历史字符T_1、T_2、$\cdots$、T_K(最多15个字符)以及校验字符T_{CK}。其中,T_S和T_0是一定有的,接口字符和校验字符是可选择的。图2.4.6所示是复位应答的一般构成。在T_S之后发送的字符数不超过32个。

(1)初始字符T_S

I/O开始处于状态Z,然后是起始位A,接着有两种表示方法,如图2.4.7所示。当首先传送的是字符的最高有效位时,T_S为(Z)AZZAAAAAAZ,其中A为逻辑电平1,解码后的字符值为3F,b_d、b_e、b_f为AAA,称之为反向约定;当首先传送的是字符的最低有效位时,T_S为(Z)AZZAZZZAAZ,其中Z为逻辑电平1,解码后的字符值为3B,b_d、b_e、b_f为ZZZ,称为正向约定。

(2)格式字符T_0

字符的高半字节有效位$(b_5\ b_6\ b_7\ b_8)$命名为Y_1,当相应位为1时,分别表示后续接口字符TA_1、TB_1、TC_1、TD_1存在;字符的低半字节有效位$(b_4 \sim b_1)$命名为K,用它指出历史字符和个数0~15,如图2.4.8所示。

(3)接口字符TA_i、TB_i、TC_i、$TD_i(i=1,2,3,\cdots)$

接口字符指示协议参数。

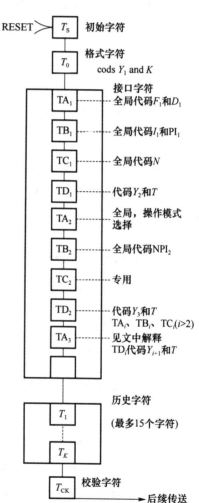

图2.4.6 复位应答的一般构成

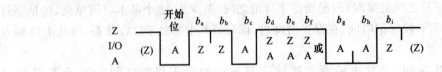

图 2.4.7 初始字符 T_S

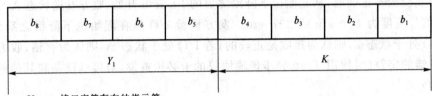

Y_1——接口字符存在的指示符

b_8 为最高位，b_1 为最低位(下同)

$b_5=1$，发送 TA_1

$b_6=1$，发送 TB_1

$b_7=1$，发送 TC_1

$b_8=1$，发送 TD_1

K——历史字符数(0~15)

图 2.4.8 T_0 提供的信息

TA_1、TB_1、TC_1、TA_2 和 TB_2 是全局性接口字符，将在后面解释。

TD_i 指明协议类型 T 和是否存在后续接口字符，如图 2.4.9 所示。TD_i 包括 Y_{i+1} 与 T 两部分。其中，Y_{i+1} 由 b_5~b_8 组成，分别表示后续接口字符 TA_{i+1}、TB_{i+1}、TC_{i+1} 和 TD_{i+1} 也不存在。

Y_{i+1}——接口字符存在的指示符

$b_5=1$，发送 TA_{i+1}

$b_6=1$，发送 TB_{i+1}

$b_7=1$，发送 TC_{i+1}

$b_8=1$，发送 TD_{i+1}

T——后续发送的协议类型

图 2.4.9 TD_i 提供的信息

T 由 b_1~b_4 组成，表示后续发送的协议类型。

- $T=0$：异步半双工字符传输协议。
- $T=1$：异步半双工分组传输协议。在本标准中定义了 $T=0$ 和 $T=1$ 两种协议。
- $T=2$ 和 $T=3$：保留，用于今后的全双工传输协议。
- $T=4$：增强型异步半双工字符传输协议。
- $T=5$ 到 $T=13$：保留，以后使用。

- $T=14$：用于 ISO 非标准协议。
- $T=15$：不属于传输协议，随后的是全局接口字符。

TC_2 是专用接口字符。对于 TA_i、TB_i、$TC_i (i>2)$ 的解释由协议类型 TD_{i-1} 中的 T 决定，如果 $T\neq15$，则随后的接口字符是协议 T 专用的。

（4）历史字符 T_1、T_2、…、T_K

由 T_0 的低思维 K 指出历史字符的个数，最多不超过 15 个。

（5）校验字符 T_{CK}

T_{CK} 的值应选择为使 T_0 到 T_{CK} 的所有字符的异或操作，结果为 0。如仅用 $T=0$ 协议，将不发送 T_{CK}，而在所有其他情况下都发送 T_{CK}。

（6）全局接口字符 TA_1、TB_1、TC_1、TA_2、TB_2

全局接口字符给出读写器用来计算的一些参数（F、D、N、X、U）。

① 参数 F、D

在复位应答期间的初始时钟周期将被其后传送信息的工作时钟周期代替，F 为时钟频率转换因子，D 为速率调整因子，用来决定工作时钟周期。

设 f 为读写器提供给 CLK 触点的时钟频率，则初始时钟周期 $=372/f$（单位为 s）；工作时钟周期 $=\dfrac{F}{D}\times\dfrac{1}{f}$（单位为 s）。初始时钟周期的 $F=372,D=1$。

F 的最小值为 1 MHz，F 以及 f 的最大值由表 2.4.1 给出，D 由表 2.4.2 给出。表 2.4.1 中的 F_1 和表 2.4.2 中的 D_1 分别由 TA_1 的 $b_8\sim b_5$ 和 $b_4\sim b_1$ 给出。

如果 TA_1 不存在，则使用默认值 $F=372,D=1$，即工作时钟周期 $=$ 初始时钟周期。如果 PPS 交换成功，由 PPS_1 给出 F 和 D，其值应在默认值与 TA_1 指定的值之间。

② 额外保护时间 N

当 N 在 $0\sim254$ 范围内时，两个字符上升沿之间的间隔 $=12+(F/D\times N/f)$ 周期，当 $N=255$ 时，表示两个相邻字符的上升沿之间的间隔在 $T=0$ 时为 12etu，$T=1$ 时为 11etu，减至最小。N 由 TC_1 的 $b_8\sim b_1$ 给出。

这些参数的默认值：$F=372,D=1,N=0$。

③ 操作模式

复位应答后，卡处于下面两种操作模式之一：

- TA_2 存在时是专用模式；
- TA_2 不存在时是协商模式。

在换用模式，当 TA_2 的 $b_5=0$ 时，使用表 2.4.1 和表 2.4.2 中由 TA_1 指定的 F 值和 D 值；当 TA_2 的 $b_5=1$ 时，使用默认值。

表 2.4.1　时钟频率变换因子 F

F_1	0000	0001	0010	0011	0100	0101	0110	0111
F	372	372	558	744	1116	1488	2232	RFU
f（最大）	4	5	6	8	12	16	20	—
F_1	1000	1001	1010	1011	1100	1101	1110	1111
F	RFU	512	768	1024	1536	2048	RFU	RFU
f（最大）	—	5	7.5	10	15	20	—	—

在协商模式,如果复位应答后,读写器无 PPS 请求,则 F 和 D 使用默认值;如果复位应答后由 PPS 请求,则由读写器发送带有 F 和 D 的 PPS 请求,使卡从协商模式转到专用模式,并使用该 F 和 D。另外,在专用模式中,TA_2 的 $b_4 \sim b_1$ 位指出要使用的协议。

表 2.4.2 比特率调整因子 D

D_1	0000	0001	0010	0011	0100	0101	0110	0111
D	RFU	1	2	4	8	16	32	RFU
D_1	1000	1001	1010	1011	1100	1101	1110	1111
D	12	20	RFU	RFU	RFU	RFU	RFU	RFU

注:RFU 保留将来使用。f 的单位为 MHz。

④ 时钟停止指示符 X 和类别指示符 U

当 $TD_{i-1}(i>2)$ 指出 $T=15$ 后,TA_i 的 $b_8 b_7$ 为时钟停止指示符(表 2.4.3),TA_i 的 $b_6 \sim b_1$ 为类别指示符(指出 IC 卡的工作电压 V_{CC})。

表 2.4.3 时钟停止指示符 X

XI	00	01	10	11
CLK 的状态	不支持	状态 L	状态 H	无优先

表 2.4.3 中当 XI 为 00 时,时钟不停止;当 XI=01 或 10 时,指出时钟停止时 CLK 优先处于哪个状态(L 或 H);当 XI=11 时,则无优先。X 的默认值是"不支持时钟停止"。

2.4.4 协议和参数选择 PPS

在复位应答之后,如果处于协商模式,则允许接口设备向卡发送 PPS(协议和参数选择)请求。只有接口设备允许发出 PPS 请求,其过程如下:

(1) 接口设备向卡发送 PPS 请求;

(2) 若卡收到正确的 PPS 请求,则发出 PPS 确认信号来响应,否则将超出初始等待时间;

(3) 若成功地交换 PPS 请求和 PPS 相应,这就选择好了新的协议类型的(或)传送参数,然后按规定将数据从接口设备送到卡中;

(4) 若卡收到错误的 PPS 请求,则不发回 PPS 相应信号;

(5) 若初始等待时间超时,接口设备将卡复位或予以拒绝;

(6) 若接口设备收到错误的 PPS 响应信号,将卡复位或予以拒绝。

PPS 请求和 PPS 应答信号的组成如下。

PPS 请求和 PPS 响应信号都是由初始字符 PPS_S(代码为 FF)、格式字符 PPS_0,后跟三个入选字符 PPS_1、PPS_2、PPS_3 以及最后一个校验字符 PCK 组成。

PPS_0 的作用与 TD_i 相似,其中 b_5、b_6、b_7 分别表示任送字符 PPS_1、PPS_2 和 PPS_3 是否存在。$b_1 \sim b_4$ 选择协议类型,b_8 留作今后使用。PPS_1 给出 F 和 D 的参数值。PPS_2 给出 N 值,PPS_3 待定。

PCK 的值是使从 PPS_S 到 PCK 的所有字符的异或结果为 0 的值。

一般情况下,如果 PPS 响应＝PPS 请求,则为成功的 PPS 交换,例外情况见 ISO/IEC 7816-3 原文。

2.4.5　异步半双工字符传输协议($T=0$)

下面讨论由接口设备向卡发送的命令结构及其处理过程,此过程是以字符帧形式连续传输信息。

本协议所用的参数都是在复位应答时所指定的,除非被协议和参数选择所修改,此时由 PPS 指定参数。

在复位应答信号中,接口字符 $TC_2(b_8 \sim b_1)$ 表示出整数值 W_1。由卡发送的字符的起始位下降沿与前一个字符的起始位下降沿(由卡发送或接口设备发送)之间的时间间隔不超过 $960 \times F/f \times W_1$,这个最大值称为工作等待时间。$W_1$ 的默认值为 10。

命令总是由接口设备发出,在一个 5 字节头中告诉卡要做些什么。

在卡和接口设备发送期间,字符的检错和重发如图 2.4.10 所示。

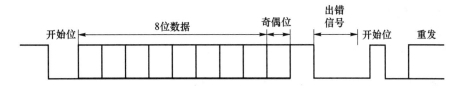

图 2.4.10　字节传送(出错重发)

1. 接口设备发送的命令头
由 CLA、INS、P_1、P_2 和 P_3 这五个连续字节组成。

(1) CLA 是指令类别,其值为 $'FF'$ 时被指定为 PPS。

(2) INS 是指令码,当其高半字节不是 $'6'$ 或 $'9'$ 时,指令码才有效。

(3) P_1,P_2 位参数。

(4) P_3 是编码数据字节($D_1 \cdots D_n$)的数量 n,在执行命令期间传送这些数据字节,数据的传送方向包含在指令码中(由指令的功能决定)。在输出数据传送指令中,如果 $P_3=0$,从卡输出 256 个字节;在输入数据传送指令中,如果 $P_3=0$,不传送数据。

在这五个字节传送后,接口设备等待卡发送过程字节。

2. 由卡发送的过程字节
有三种过程字节,分别指出接口设备应完成的不同操作,如表 2.4.4 所示。

表 2.4.4　三种过程字节

字　节	值	结　果
ACK	INS	V_{PP}空闲。所有其余的数据字节相继被传送,然后接收过程字节。
	INS$\oplus'01'$	V_{PP}编程。所有其余的数据字节相继被传送,然后接收过程字节。
	INS$\oplus'FF'$	V_{PP}空闲。下一个数据字节被传送,然后接收过程字节。
	INS$\oplus'FE'$	V_{PP}编程。下一个数据字节被传送,然后接收过程字节。
NULL	$'60'$	V_{PP}无动作。接口设备等待过程字节。
SW_1	SW_1	V_{PP}空闲。接口设备等待 SW_2 字节。

（1）确认字节 ACK(ACKnowledge byte)：用于控制 V_{PP} 状态和数据传送。

当 ACK 字节中 7 位高有效全部等于或互补于 INS 字节中的相应位（除'6X'和'9X'外）时，允许数据传送。当 ACK 字节和 INS 字节的异或值为 00 或 FF 时，接口设备使 V_{PP} 处于空闲状态；当 ACK 字节和 INS 字节的异或值为'01'或'FE'时，接口设备使 V_{PP} 处于编程状态。

（2）NULL 字节(60)：接口设备等待卡发出下一个响应信号。

（3）状态字节 $SW_1 - SW_2(SW_1 = '6X'$ 或'9X'，除'60'；$SW_2 = $任意值)：用于表示命令结束。

正常结束时，$SW_1 - SW_2 = '90' - '00'$。

当发生与应用无关的错误时，SW_1 的高有效半字节为 6。

- '6E'卡不支持这类指令。
- '6D'指令码不被编码或无效。
- '6B'参数是错误的。
- '67'长度不正确。
- '6F'未给出正确的诊断。

其他值 ISO/IEC JTC1/SC17 保留于将来使用。

2.4.6 异步半双工分组传输协议($T = 1$)

在复位应答 TD_1 字节中定义了 $T = 1$，或在 PPS 中定义了 $T = 1$ 之后，将按本节讨论内容实现协议。在本节中定义了传输控制命令的结构和处理以及对 IC 卡的控制。

分组传输协议的主要特点如下：

（1）分组(block)是最小的数据单元，它可以在 IC 卡与接口设备之间传送。分组的应用数据对传输协议是透明的，传输控制数据中包含了传输错误处理信息。

（2）为了整个分组数据的正确接收，在数据传送之前，可对分组结构的定义了进行检查。

（3）无论在复位应答还是在协议类型选择 PPS 之后，都由接口设备送出第一组数据来启动协议，以后可交替传送数据块。

（4）本协议使用复位应答时定义的字符帧以及全局接口字节定义的物理参数。若以后被 PPS 所修改，则采用 PPS 定义的参数。[11]

1. 分组的基本组成——分组帧(block frame)

分组包括三个字段（如图 2.4.11 所示）：开始字段(prologue field)、信息字段(information field)和结尾字段(epilogue field)，其中开始字段与结尾字段是必须有的，信息字段则是可选的。

（1）开始字段

① 结点地址(node address, NAD)。

$b_1 \sim b_3$ 是源结点地址(source node address, SAD)，$b_5 \sim b_7$ 是目的节点地址(destination node address, DAD)，b_4 和 b_8 用于 V_{PP} 状态控制。当地址无用时，将 SAD 和 DAD 置 0。当 SAD 与 DAD 相等且不为 0 时，保留于将来使用。

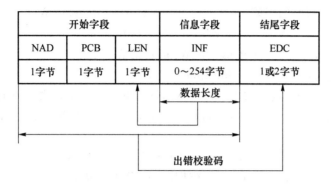

图 2.4.11 分组结构

由 IFD 发送的分组 NAD,确定了 SAD 和 DAD 的逻辑关系。例如,由 IFD 发送的分组,其 SAD 的值为 X,DAD 的值为 Y;由 ICC 发送的分组,其 SAD 的值为 Y,DAD 的值为 X,这属于一个逻辑连接,标记为 (X,Y)。当 SAD 和 DAD 为其他值时,则属于另一个逻辑连接。

② 协议控制字节(protocol control byte,PCB)。

协议定义如下三种基本分组类型。

- 信息分组(I-block):用于应用层传送信息和序列号。
- 接收准备分组(R-block):用于指示是否有差错和传送序列号,它的信息字段不存在。
- 管理分组(S-block):在 IFD 和 ICC 之间交换控制信息,它的信息字段是否存在取决于控制功能。

③ 长度 LEN(length):LEN 指出被传送的信息字段的字节数,其代码为 $'00'\sim'FE'$(0～254 字节)。

(2) 信息字段(information field,INF)

INF 字段是可选的,当它存在时,可以是应用数据(I-block)或控制和状态信息(S-block),被传送的字节数由 LEN 指出。

(3) 结尾字段

包含被传送分组的错误校验码(error detection code,EDC),可以采用纵向冗余校验或循环冗余校验。LRC 的值与分组中所有字节进行异或运算结果为 0,关于 CRC 的值参见 ISO/IEC 3309。

2. 专用接口参数

在复位应答中,当第一次在 $TD_{i-1}(i>2)$ 中出现 $T=1$ 时,专用接口字节 TA_i、TB_i、TC_i 被用作协议参数。

(1) 信息字段长度

卡和接口设备允许接收的最大信息长度(分别用 IFSC 和 IFSD 表示)。IFSC 由专用接口制度 $TA_i(i>2)$ 给出,其值在 1～254 范围内,默认值为 32,。IFSD 的初始值为 32。在协议执行过程中,由管理分组中的 S(IFS request)和 S(IFS response)调整 IFSC 和 IFSD。

(2) 字符等待时间(character waiting time,CWT)

在同一分组内两相邻字符上升沿之间的最大时间称为字符等待时间。由 $TB_i(i>2)$ 的

b_4 到 b_1 给出字符等待时间整数(character waiting time integer,CWI),经计算得

$$CWT=(2^{CWI}+11)etu$$

所以,CWT 的最小值为 12 个工作单元,CWI 的默认值是 13。

（3）分组等待时间(block waiting time,BWT)

发送到卡的最后一个制度的上升沿与从卡发出的第一个字符之间的最大时间称为分组等待时间。由 $TB_i(i>2)$ 的 $b_8\sim b_5$ 给出分组等待时间整数(block waiting time integer,BWI),经计算得

$$BWT=2^{BWI}\times960\times372/f_s+11etu$$

在此处,$0\leqslant BWI\leqslant9$,$BWI>9$ 保留于将来使用。BWI 的默认值为 4。

分组等待时间用来检测不做出响应的卡。

（4）检验码的选择

用 $TC_i(i>2)$ 的 b_1 来选择检验码。

- $b_1=1$：CRC
- $b_1=0$：LRC(默认值)

$b_2\sim b_8$ 置 0,保留于将来使用。

3. 协议操作

（1）数据链路层——字符部分

V_{PP} 控制：V_{PP} 的状态由卡发送的 NAD 的 b_8 位和 b_4 位控制。

- $b_8=0$,$b_4=0$：V_{PP} 处于空闲状态。
- $b_8=1$,$b_4=0$：V_{PP} 处于编程状态,在接收 PCB 之后回到空闲状态。
- $b_8=0$,$b_4=1$：V_{PP} 处于编程状态,直到接口设备接收到另一个 NAD 字节。
- $b_8=1$,$b_4=1$：禁用。

如超时或 NAD 奇偶错,V_{PP} 应回到或保持在空闲状态。

（2）数据链路层——分组部分

在复位应答或协议类型选择之后的第一个分组是由接口设备传送到 IC 卡的,可以是信息分组或管理分组。

在传送一个分组(I-block、R-block、S-block)之后,在下一个分组传送之前,发方应接收到确认,描述如下。

信息分组内有一个发送序列号 $N(S)$,$N(S)$ 是一个二进制位(bit),它的起始值为 0,在传送一个信息分组之后加 1(模二)。

接收准备分组内有一个 $N(R)$,它的值等于下一个要传送的 I-block 中的 $N(S)$。R-block 用于连接。

管理分组有请求分组 $S(\cdots request)$-block 和响应分组 $S(\cdots response)$-block 两种,在接收到请求分组后发出一个响应分组。

分组传输协议具有连接功能,允许接口设备或 IC 卡传送信息的长度大于 IFSD 或 IFSC 规定的长度。

分组的链接情况受 I-block 中的协议控制字节 PCB 中的 M 位控制。M 位指出 I-block 的两种状态。

- $M=0$：表示当前的 I-block 是链的最后一个分组。
- $M=1$：表示链还跟有后面的分组。

2.5 ISO/IEC 7816-10 接触式集成电路卡(同步卡)的电信号和复位应答

本规范描述在同步传输的集成电路卡与接口设备之间的电源、信号结构和复位应答结构。除在此说明的外,在 ISO/IEC 7816-3 中规定的仍适用。本规范还包括信号速率、操作条件和通信。

本规范说明两种类型的同步卡:第 1 类(type1)和第 2 类(type2)。第 2 类卡的传输率可以比第 1 类高。

2.5.1 触点的电特性

1. 触点的分配

在 ISO/IEC 7816-2 分配的触点 C4 指定为第 2 类(type2)同步卡的功能码,FCB 与 RST 一起构成在卡中执行的命令(例如,复位 reset,读 read,写 write)。

2. 选择卡的类型

接口设备启动第 1 类或第 2 类卡的操作条件,如果卡不返回复位应答 ATR,或提供一个不符合的应答,接口设备将停活触点,在至少延迟 10 ms 之后,启动另一操作条件。

2.5.2 卡的复位

1. 第 1 类同步卡

接口设备将所有触点置于状态 L(图 2.5.1),然后 V_{CC} 加电,V_{PP} 置于休闲状态,CLK 和 RST 保留于状态 L,接口设备的 I/O 置于接收方式。RST 至少有 50 μs 维持于状态 H,然后回到状态 L。上升沿和下降沿时间不超过 0.5 μs(图 2.5.1 和图 2.5.2 中的 t_f 和 t_r)。[12]

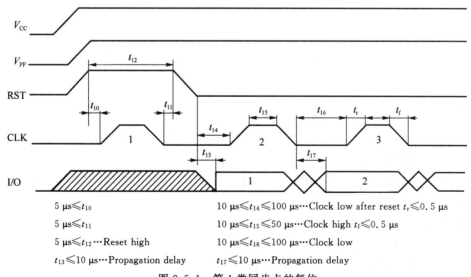

图 2.5.1 第 1 类同步卡的复位

时钟脉冲在它与 RST 上升沿之后相隔 t_{10} 时间后给出,时钟脉冲状态 H 的持续时间为 $10\sim50\,\mu s$。在 RST 处于状态 H 时只准有一个时钟脉冲,CLK 与 RST 下降沿之间的间隔为 t_{11}。

在 I/O 触点上得到的第 1 位数据可视为应答,此时 CLK 处于状态 L,并在 REST 下降沿 t_{13} 之后有效。后续数据位在 CLK 下降沿间隔 t_{17} 之后有效,可从其后的 CLK 上升沿采样。

2. 第 2 类同步卡

接口设备将所有触点置于状态 L,然后 V_{CC} 加电,V_{PP} 处于休闲状态,CLK、RST 和 FCN 处于状态 L,接口设备的 I/O 置于接收模式。时钟脉冲在 V_{CC} 上升沿之后相隔 t_{20} 后提供,时钟脉冲的持续时间为 t_{25}。在时钟脉冲上升沿之后至少相隔 t_{22} 时间 FCB 仍维持于状态 L。

在 I/O 触点上得到的第 1 位数据可视为应答,此时 CLK 处于状态 L,并在 CLK 下降沿 t_{27} 之后有效。

当 FCB 置于状态 H 时,每一个时钟脉冲上升沿可用于读出 I/O 线上的数据位。

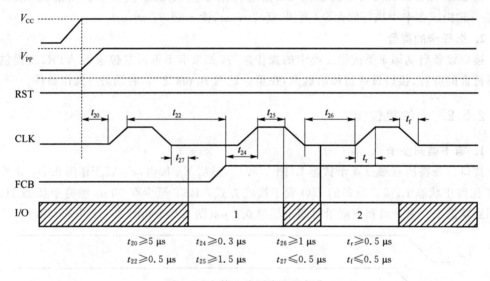

$t_{20}\geqslant5\,\mu s$　　$t_{24}\geqslant0.3\,\mu s$　　$t_{26}\geqslant1\,\mu s$　　$t_r\geqslant0.5\,\mu s$

$t_{22}\geqslant0.5\,\mu s$　　$t_{25}\geqslant1.5\,\mu s$　　$t_{27}\leqslant0.5\,\mu s$　　$t_f\leqslant0.5\,\mu s$

图 2.5.2　第 2 类同步卡的复位

2.5.3　复位应答

在同步半双工传输方式中,I/O 触点上一串数据位用 CLK 上的时钟信号进行同步。

1. 时钟频率和位速率

I/O 线上的位速率与读写器发到 CLK 的时钟频率呈线性关系,如 7 kHz 时钟频率相应于 7 kbit/s。

最大上升沿/下降沿各为 $0.5\,\mu s$。

第 1 类卡:低于 50 kHz 的任一频率可用。

第 2 类卡:低于 280 kHz 的任一频率可用。

2. 复位应答头的结构

复位操作的结果是从卡发送应答头到读写器。该头的长度固定为 32 位,其开始的两个

字节 H_1 和 H_2 是必备的。

$b_1 \sim b_{22}$ 是按时间顺序发送的信息位,最低位先发送。

3. 复位应答头的时序

(1) 第 1 类同步卡

复位之后,输出信息受时钟脉冲控制,第 1 个时钟脉冲在 RST 下降沿之后 $10 \sim 100\ \mu s$(t_{14})时间内给出。时钟脉冲的状态 H 在 $10 \sim 50\ \mu s$(t_{15})之间变化,状态 L 在 $10 \sim 100\ \mu s$(t_{16})之间变化。

第 2 个及其随后的数据位在 CLK 下降沿之后 t_{17} 有效,数据位依次用时钟脉冲上升沿采样。

(2) 第 2 类同步卡

I/O 触点的输出信息受时钟脉冲控制,第一个时钟脉冲在 FCB 上升沿之后 t_{24} 时间给出。时钟脉冲状态 H 的持续时间为 t_{25},状态 L 的持续时间至少为 $1\ \mu s$(t_{26})。

第 2 个及其随后的数据位在时钟为低和 CLK 下降沿之后 t_{27} 时间给出。数据位依次用时钟脉冲的上升沿采样。

4. 头的数据内容

头由 4 个字节($H_1 \sim H_4$)组成,用于尽早决定卡与读写器是否相容,如不相容,则释放触点(停活)。

第 1 个字段 H_1 是卡协议类型的编码,如表 2.5.1 所示。

表 2.5.1　H_1 编码

b_8	b_7	b_6	b_5	b_4	b_3	b_2	b_1	意　义
0	0	0	0	0	0	0	0	不用
0	X	X	X	X	X	X	X	保留给 ISO/IEC JTC1/SC17 定义协议
X	X	X	X	X	X	X	1	由注册管理机构分配的 H_1 和 H_2 的编码和结构
1	1	1	1	1	1	1	1	不用
其他值								专用

第 2 个字段 H_2 是 H_1(协议类型编码)的编码参数,如果 $H_1 = {}'X_0{}'$($X = 1, \cdots, 7$),H_2 的值由 ISO/IEC　JTC1/SC17 指定。[13]

2.5.4　触点的停活

当信息交换中止或失败时(卡无应答或检测到卡移去),触点将被释放,读写器应按顺序完成以下操作:

(1) CLK 处于状态 L;

(2) FCB 处于状态 L(仅适合第 2 类卡);

(3) I/O 处于状态 A;

(4) V_{CC} 下电。

2.6 SIM 卡复位 ATR 解析举例

依据上文所述,以 SIM 卡复位 ATR 解析举例,以程序和图表结合的方式详细说明 ATR 的结构和工作流程。

当结束激活过程时,即接口设备中 RST 处于 L 状态,V_{cc} 上电,I/O 进入接收模式,CLK 已被分配了一个匹配并稳定的时钟信号,此时卡片已就绪,可以进行冷复位。冷复位之前卡片的内部状态不做规定。

根据图 2.6.1,在时间点 T_a 上时钟信号为 CLK,卡片应当在 $T_a + t_a$ 时间点之后,即 CLK 变为高电平的 200 个时钟周期(t_a 时延)内将 I/O 设置为 H 状态。冷复位是在 $T_a + t_b$ 时间点之后,将 RST 维持至少 400 个时钟周期(t_b 时延)的结果。接口设备应当在 RST 处于 L 状态时忽略 I/O 上的状态。

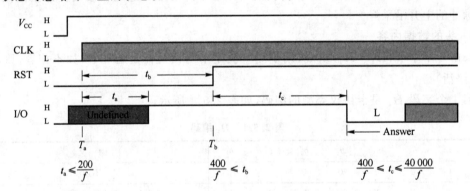

图 2.6.1 激活与冷复位

当处于 T_b 时间点上时,RST 被置为 H 状态。I/O 上的应答应当在 RST 上信号上升沿后(在 $T_b + t_c$ 时间点)的 400 和 40 000 个时钟周期之间(t_c 时延)开始。如果应答没有在 RST 处于 H 状态后 40 000 个时钟周期内开始,接口设备应当执行一个去激活。

```
void SIM_Cold_Reset(uint8_t ChannelID)
{
    Set_Sim_Io(ChannelID, SIM_VCC, 1);      //初始时,电源电压先上电
    Delay_400_CLK();                         //待电压稳定
    Set_SimData_Direction(ChannelID, 1);    //将 I/O 端口置为接收方式
    Set_SimClk_Status(ChannelID, 1);        //启动独立波特率发生器开始计数工作,
对系统时钟进行分频输出
    Delay_400_CLK();                         //RST 复位信号需在提供 CLK 信号后 400
个时钟周期内保持低电平
    Set_Sim_Io(ChannelID, SIM_RST, 1);      //之后才可置为高电平
}
```

以 4 M 的时钟为基准,一个时钟为 1/4 μs,则 400 个时钟用 100 μs,40 000 个时钟为 10 ms。

ATR 基本应答数据如下。

下面以 ATR:3B9F94801FC78031E073FE21135758485553494D01F9 为例进行说明,如表 2.6.1 和图 2.6.2 所示。

表 2.6.1 ATR 数据元说明

数据元	说　明
T_S	起始字符
T_0	格式字符
$TA_1, TB_1, TC_1, TD_1, \cdots$	接口字符
$T_1, T_2, \cdots, T_K$	历史字符
T_{CK}	校验字符

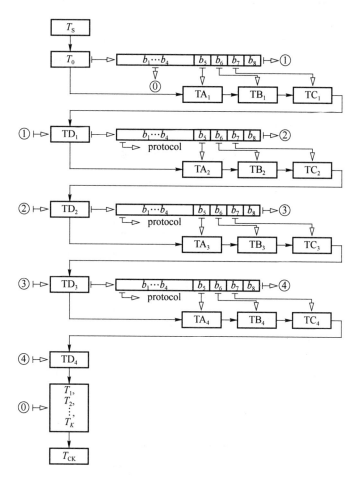

图 2.6.2　ATR 的基本结构和数据元素

1. 起始字符 T_S

ATR 的强制部分是 T_S,是必须送出的。此字节只允许有两种编码:3B 为正向约定,3F 为反向约定。使用反向逻辑约定,I/O 的低电平状态等效于逻辑 1,且该数据字节的最高位在起始位之后首先发送。

上例中 ATR 的 TS 为 3B。

2. 格式字符 T_0

格式字符 T_0 含有一组位表明将要传送哪个接口字符,它同时也指出后继历史字符的个数。像 T_S 一样,每个 ATR 中都必须有这个字节:

① 高半字节($b_5 \sim b_8$)表明后续字符 TA_1 到 TD_1 是否存在(b_5 对应 TA_1,b_8 对应 TD_1);

② 低半字节($b_1 \sim b_4$)表明可选历史字符的数目(0~15)。

上例 ATR 的 T_0 为 9F:

① 表明存在 TA_1 和 TD_1,历史字符为 15 个。

② 当没有 TD_1 时,$T=0$,则 T_{CK} 不存在。

3. 接口字符 TA_1,TB_1,TC_1,TD_1,…

这些字节在 ATR 中是可选的,由格式字符 T_0 的高半字节决定。

(1) 全局接口字符 TA_1

TA_1 高半字节 FI 用于确定 F 的值,F 为时钟速率转换因子,用于修改复位应答之后终端所提供的时钟频率。TA_1 低半字节 DI 用于确定 D 的值,D 为位速率调节因子,用于调整复位应答之后所使用的位持续时间。

$$\text{etu} = F/D \times (1/f)$$

FI 和 DI 编码如表 2.6.2 所示。

表 2.6.2　FI 和 DI 编码

FI	F	DI	D
0000	372	0000	RFU
0001	372	0001	1
0010	558	0010	2
0011	744	0011	4
0100	1116	0100	8
0101	1488	0101	16
0110	1860	0110	32
0111	RFU	0111	RFU
1000	RFU	1000	12
1001	512	1001	20
1010	768	1010	RFU
1011	1024	1011	RFU
1100	1536	1100	RFU
1101	2048	1101	RFU
1110	RFU	1110	RFU
1111	RFU	1111	RFU

上例 ATR 的 TA_1 为 94:

表明 $F=512$,$D=8$。

（2）全局接口字符 TB_1

TB_1 传送 PI_1 和 II 的值，PI_1 在 b_1 到 b_5 位中定义，用于确定 IC 卡所需的编程电压 P 值；II 在 b_6 和 b_7 位中定义，用于确定 IC 卡所需的最大编程电流 I 值。一般情况下，ATR 中必须包含 $TB_1 = 00$，表示 IC 卡不使用 V_{PP}。

上例 ATR 的 TB_1 为空。

（3）全局接口字符 TC_1

上例 ATR 的 TC_1 为空。

（4）全局接口字符 TD_1

TD_1 字符至关重要，由上面的 ATR 数据结构图可以知道，TD_1 的高 4 位决定了是否有 $TA_2/TB_2/TC_2/TD_2$。同理，TD_2 的高 4 位决定了是否有 $TA_3/TB_3/TC_3/TD_3$。

上例 ATR 的 TD_1 为 80，表明存在 $TD_2 = 1F$，TA_2、TB_2、TC_2 不存在。

上例 ATR 的 TD_2 为 1F，表明存在 $TA_3 = C7$，TB_3、TC_3、TD_3 不存在。

4. 历史字符

因为有很长一段时间的空白期，对历史字符没有出台任何标准，结果就是随操作系统生产者而不同，它们包含了变化广泛的数据。

上例 ATR 的历史字符为：8031E073FE21135758485553494D01。

5. 校验字符 T_{CK}

T_{CK} 作为一个检验复位应答期间所发送数据完整性的值，T_{CK} 的值应使从 T_0 到包括 T_{CK} 在内的所有字节进行异或运算的结果为零。

当 TD_1 不存在时，$T = 0$，则 T_{CK} 不存在。

如果在 ATR 中已经指出了 $T = 0$ 协议，ATR 的尾部可以不包含 T_{CK} 校验和。在这种情况下，完全没有发送它，因为奇偶校验已经知道了差错字节而在 $T = 0$ 协议中重复发送出错字节又是强制性的。相反，在 $T = 1$ 协议中，T_{CK} 字节必须出现，校验和的计算从字节 T_0 开始，结束语最后的接口字符，如果有则是最后的历史字符。[14]

上例的 ATR 的 T_{CK} 为 F9，将 9F94801FC78031E073FE21135758485553494D01 进行异或处理即可得到 F9。

6. 整体 ATR 的解析

对该 ATR 的解析如下：

ATR：3B9F94801FC78031E073FE21135758485553494D01F9

ATR 分析：

正向约定 $F = 512$ $D = 8$ $N = 0(d)$

Protocal = T0

AtrBinarySize = 22

AtrHistorySize = 15

AtrHistorySize = 8031E073FE21135758485553494D01

31：卡片数据服务。

E0：通过全 DF 名称的直接应用选择、通过部分 DF 名称的选择数据对象在 DIR 文件中有效。

73：卡能力标签。

FE:DF 选择(通过全 DF 名称、通过部分 DF 名称、通过路径、通过文件标识)EF 管理(所支持的短 EF 标识符、所支持的记录号)。

21:数据编码类型。

13:逻辑通道最大数 4。

TS＝3B

T0＝9F

TA1＝94

TD1＝80

TD2＝1F

TA3＝C7(时钟停止休止符:无优先　级别指示符:A、B 和 C)

TCK＝F9

课后习题

2.1　什么是接触式 IC 卡? 说明其特点和主要应用场合,说出几种主要的卡型。

2.2　接触式 IC 卡有多少个触点? 说明各触点的位置及功能。

2.3　接触式 IC 卡有哪两种传输协议,它们适用于哪些种类的卡?

2.4　复位应答信号有哪些内容?

2.5　请描述字符帧的结构,传送过程中有错应该如何表示?

2.6　在异步传输协议中,$T＝0$ 协议与 $T＝1$ 协议有什么区别?

第**3**章　非接触式智能卡

非接触式 IC 卡与读卡器的读写距离一般为 5～10 cm,通过无线电波来传递数据完成读写操作。非接触式 IC 卡可分为射频加密卡、射频存储卡、射频 CPU 卡。目前市场上最常见的非接触式 IC 卡是非接触式逻辑加密卡,这类 IC 卡凭借其良好的性能和较高的性价比得到了广大用户的青睐,并已被广泛应用于公交、医疗、校园一卡通等领域。

3.1　射频识别系统结构

接触式与非接触式
IC 卡选型对比

电子标签(非接触式 IC 卡和 RFID 标签)以无线射频作为通信方式与读写器进行数据交互。RFID 标签的外观比非接触式 IC 卡更加多样化,现在将非接触式 IC 卡纳入 RFID 标签范围之内。物联网相关应用一般采用 RFID 标签进行数据采集工作。非接触式 IC 卡由 IC 芯片、感应天线组成,外部封装为标准的 PVC 卡片。[15]

3.1.1　射频识别系统简介

射频识别系统一般由电子标签、读写器和天线三部分组成,如图 3.1.1 所示。RFID 标签与读写器之间的通信是通过射频场(无线方式)实现的,通信的起点是载波信号的发送。国际标准规定 IC 卡采用 ID-1 型卡片,由于目前还不能制造厚度符合该标准要求的电池,因此使用的接触式和非接触式 IC 卡都是无源的。电子标签可以从无线接收到的载波信号(射频电磁波)中获取能量,经过检波(整流)、功放、稳压得到工作所需的直流电压。图 3.1.1 所示为其工作原理。在图 3.1.1 中,通过 A 点与 D 点的是数字信号,通过 B 点与 C 点的是被调制的载波(射频)信号,MCU 为控制部件。

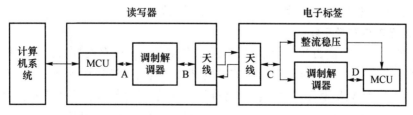

图 3.1.1　射频识别系统

3.1.2 电子标签的供电方式

非接触式 IC 卡由于卡的厚度有限制,卡内无法放置电池,因此是无源 IC 卡。

RFID 标签由芯片和天线构成,根据 RFID 标签内部构造可分为三种:有源、无源和半无源标签。有源标签是指带有电池的标签,反之不带电池的称为无源标签。有源式标签使用内部的电池来进行无线通信,因此相比无源式标签,有源式标签的通信距离要更长,不过由于电池寿命的因素,它的价格也会比无源式标签高,体积也会比较大。此外,还有一种内置电池的 RFID 标签,在不工作的时候不会发出电波,只有当收到读写器的信号时,才发出电波进行通信,标签内的芯片或传感器通过电池供电来进行工作,而由读写器负责无线通信,这样的标签称为半无源式标签。[16]

3.1.3 RFID 的频率特点

常用的非接触式 IC 卡工作的频率为 13.56 MHz,现如今已在我国与世界上广泛应用,相应的国际标准将在本章的最后一节进行详细介绍,本节主要讨论 RFID 标签。

1. RFID 的工作频段

通常情况下,RFID 读写器发送的频率称为 RFID 系统的工作频率或载波频率。RFID 系统的工作原理、识别距离以及 RFID 标签和读写器实现的难易程度和设备成本都由 RFID 的工作频率决定。RFID 技术按照工作频段可分为低频、高频、超高频和微波。不同频段下的 RFID 系统具有不同的特点,在读写范围、读写速率和使用环境要求等方面都不同。

(1) 低频标签。低频一般为无源标签,它的典型工作频率为 125 kHz 和 133 kHz。它的工作能量由电感耦合的方式从读写器耦合线圈的辐射近场中获得。低频标签与读写器之间传送数据时,需要进入读写器天线辐射的近场区内;阅读距离一般情况下小于 10 cm。

(2) 高频标签。高频标签的典型工作频率为 13.56 MHz。该频段标签工作原理与低频标签完全相同,即采用电感耦合方式工作。高频标签的阅读距离一般小于 1 m。高频标签的数据传输速率快,已广泛应用于电子车票、居民身份证、电子钥匙、市民卡和门禁卡等。

(3) 超高频标签。超高频标签的典型工作频率有 433.92 MHz、860~960 MHz。超高频射频标签可分为有源标签与无源标签两类。超高频通过电磁波传递能量和交换信息。相应的射频识别系统阅读距离一般大于 10 m,有源标签阅读距离可达百米。超高频射频标签主要用于物流、铁路车辆自动识别、集装箱识别、托盘和货箱标识。

(4) 微波标签。微波标签的典型工作频率有 5.42 GHz 和 5.8 GHz。微波标签也分为有源标签和无源标签两类,工作原理与超高频射频标签相同,即通过电磁波的发射和反射来传递能量和交换信息,其阅读距离大于 10 m,有源标签阅读距离可达百米。微波射频标签主要用于公路车辆识别与自动收费、托盘和货箱标识等。

2. 双频标签与双频系统

从识别距离和穿透能力的特性来看,不同工作频率的表现存在较大差异。低频具有较强的穿透能力,能有穿透水、金属和动物等导电材料。但在同样功率下,传播的距离较近,又由于频率低,可用的频带窄,数据传输速率较低,并且信噪比低,容易受到干扰。高频相对低频而言具有较远的传播距离、较高的传输速率和较大的信噪比,但其绕射或穿透能力较弱,容易被水等导体介质所吸收。

利用高频和低频的各自长处设计识别距离较远和穿透能力较强的双频产品,可应用于动物识别、导体材料干扰和潮湿的环境。

双频标签分为有源标签和无源标签两种。

双频 RFID 系统主要应用于距离要求、多卡识别和高速识别的场合,如供应链管理、人员流动跟踪、动物跟踪与识别、采矿作业和地下路网管理及运动计时等。

3.1.4　天线

天线是电子标签和读写器的空中接口,根据频率识别系统的基本工作原理,两者之间的射频耦合有两种方式:电感耦合方式(变压器型)和反向散射耦合方式(雷达型)。射频接口能将接收到的电磁波转换成电流信号,或将电流信号转换成电磁波,天线可以集成到读写器和标签中,也可以设置在外部。

1. 标签的天线

天线应具备以下性能:足够小的体积,可安装在本来就很小的标签内;具有全球或半球覆盖的方向性;无论标签处于什么方向,都能与读写器的信号相匹配;天线能提供足够大的信号给标签内的芯片。

在选择天线时要考虑以下因素:天线的类型、阻抗、射频性能以及有其他物品围绕贴标签物品时的射频性能。

标签的使用有两种形式:一种是标签移动,通过固定安置的读写器进行表示;另一种是标签不移动,用手持读写器等进行识别。

2. 读写器天线

射频系统的读写器必须通过天线来发射能量,形成电磁场,对射频标签进行识别,并向射频标签提供生成电源的能量。

读写器天线应满足以下条件:天线线圈的电流产生足够大的磁通量;功率匹配,充分利用磁通量;具有抱枕载波信号传输的带宽。

在进行应用系统设计时,读写是要考虑的重要指标之一,取决的因素有读写器类型、放置方向、电磁干扰、读写器发射的能量、天线类型,以及读写器或标签所用的电池充电或更换的安排等。

3.2　射频技术

几款常见的射频
方案技术对比

3.2.1　基带信号与载波调制信号

接触式 IC 卡和读写器之间数据都是以二进制的 0、1 两种状态出现,用以表示电脉冲信号呈现的方波形式。基带信号所占据的频带为直流或低频。在电子标签的应用中,数字基带信号必须经过高频调制才能进行传输,该高频信号称为载波。图 3.2.1 中所采用的调幅方式的数字信号,有载波输出表示为 1,无载波输出表示为 0。

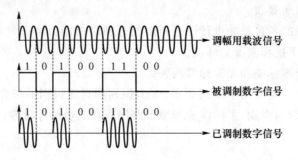

图 3.2.1 载波调幅信号

数字基带信号都被存放于电子标签和读写器中,调制的过程是把存储于标签和读写器中的基带信号转换成高频信号。相反,解调是接收端把高频信号转换成基带数字信号的过程。射频接口则是实现数据传输交互的电路。

在非接触式 IC 卡和 RFID 芯片中,使用的射频有低频(125 kHz 和 134.5 kHz)、高频(13.56 MHz)、超高频(433 MHz 和 860～960 MHz)和微波(2.45 GHz 和 5.8 GHz)等频段。

3.2.2 数字信号的编码方式

常用的基带数字信号的编码有不归零制(non return to zero, NRZ)编码、曼彻斯特(Manchester)编码、差动双向(differential bi-phase, DBP)编码、米勒(Mill)编码、变形米勒(Modified Miller)编码、脉冲宽度调制(pulse width modulation, PWM)编码和脉冲位置调制(pulse position modulation, PPMD)编码等方式,如图 3.2.2 所示。

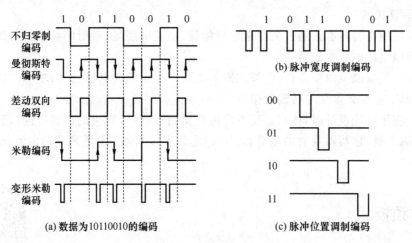

图 3.2.2 基带数字信号的编码

(1) 不归零制编码:用高电平表示 1,低电平表示 0。

(2) 曼彻斯特编码:在半个位周期的负跳变表示 1,正跳变表示 0。在接收端重建位同步比较容易。

(3) 差动双向编码:在半个位周期的正/负跳变表示 0,无跳变表示 1。此外,在每个位周期开始,电平都要反向,在接收端重建位同步比较容易。

(4) 米勒编码:在半个位周期的正/负跳变表示 1,在其随后的位周期内不发生跳变表示 0。

而一连串的 0 在位周期开始时发生跳变。在接收端重建位同步也比较容易。

（5）变形米勒编码：将米勒编码的正/负跳变用负脉冲来代替，就成为变形米勒编码。

（6）脉冲间隔编码：用两个脉冲间的间隔时间表示二进制数 0 和 1，例如用间隔 t 表示 0，$2t$ 表示 1，或反之〔如图 3.2.2(b)所示〕。因此，0 和 1 的位周期是不同的。

（7）脉冲位置调制编码：每个位周期的时间宽度是一致的，在 4 取 1 的编码方式中〔图 3.2.2(c)〕将 1 个位周期分成 4 段，在第一个时间段出现脉冲表示 00（2 位数），在第二、三、四时间段出现脉冲分别表示 01、10、11。

3.2.3 调制方式

数字信号的调制过程类似于对高频载波信号的开关控制，常称为数字键控。用基带数字信号控制载波的振幅、频率和相位，分别称为幅移键控（amplitude shift keying，ASK）、频移键控（freguency shift keying，FSK）和相移键控（phase shift keying，PSK），利用高频载波在幅度、频率或相位上的两种状态来表示二进制数字 0 和 1。[17]

1. 幅移键控

以载波的幅度大小（或有、无）表示 0 或 1，如图 3.2.3 所示。当振幅为 u_1 时表示 1，为 n_0 时表示 0（或反之），用以表示 u_1 和 u_0 的变化程度称为调制度或调制系数 m，且 $m(u_1-u_0)/(u_1+u_0)$。当调制度为 100％时，称为 OOK（on-off keying）键控，此时 u_0 的振幅＝0，如图 3.2.3 所示。

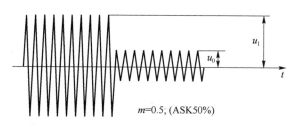

图 3.2.3　ASK 调制信号

在接收端，当接收到调幅信号时，要予以处理，恢复为数字基带信号，其过程如图 3.2.4 所示。图中带通滤波器滤掉输入信号中的噪声，包络检波器输出高频信号的包络，取样脉冲通过判决器将 b 端信号转换成数字基带信号输出。

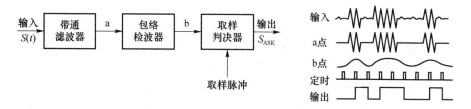

图 3.2.4　ASK 信号解调器及工作波形

2. 频移键控

图 3.2.5 为 FSK 电路的原理图和波形，在该图中假设信号 0 的频率为 f_0，信号 1 的频率为 f_1，$f_0 = 2f_1$。

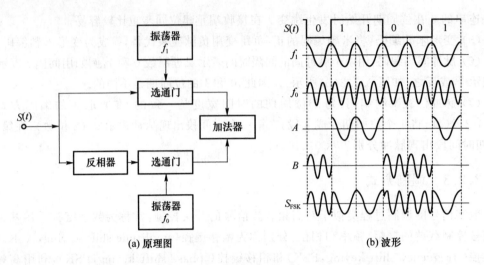

(a) 原理图　　　　　　　　　　(b) 波形

图 3.2.5　频移键控法原理图和波形

3. 相位键控

用相位偏差 180°的载波，分别表示数字基带信号的 0 和 1。通过对接收信号相位与基准相位的比较，实现解调。下面介绍一种产生二进制 PSK(binary phase keying, BPSK)信号的方法。

如图 3.2.6 所示，倒相器将载波的相位偏移 180°，用数字基带信号 $S(t)$ 控制门电路，通过加法器得到 BPSK 信号（或称为 2PSK 信号）。图 3.2.6(b) 中的 $\cos \omega_0 t$ 是门 1 的输入信号。

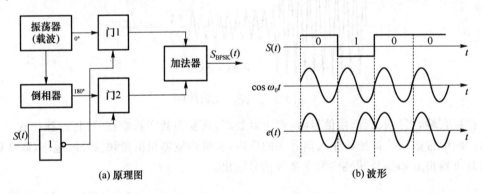

(a) 原理图　　　　　　　　　　(b) 波形

图 3.2.6　产生 BPSK 信号的方法

解调过程如图 3.2.7 所示。BPSK 信号经带通滤波器滤掉噪音后，在乘法器中与基准载波相乘，如果两者同相，输出正信号，两者异相，输出负信号；再由包络检波器输出信号的包络到判决器，在取样脉冲的作用下，由判决器输出解调后的数字基带信号。

以上介绍了 ASK、FSK 和 PSK 三种调制方法，请注意编码方式和调制方式的概念是不同的。此外，在非接触式 IC 卡中，采用负载调制方法，有关内容在 3.2.4 小节中介绍。

调制的作用：鉴于基带传输只能使用有限信道（接触式卡一般只用一个信道），且传输距离短，将基带信号调制到高频载波信号上形成频带信号后，可实现无线信号的多信道和较大距离传输。[18]

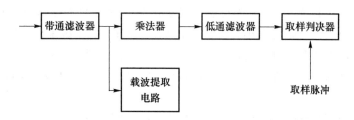

图 3.2.7 BPSK 信号的解调

3.2.4 负载调制和反向散射调制

读写器与 IC 卡之间的射频信号有两种耦合方式：电感耦合和电磁反向散射耦合。

（1）电感耦合

根据电磁场基本理论，当射频信号加载到天线之后，在紧邻天线的空间区域内，其电场与磁场之间的转换类似于变压器中电场与磁场之间的转换，为电感耦合方式（闭合磁路）。该区域的边界为 $\lambda/2x$，λ 为波长〔$A=(3\times10\text{m})/f$，f 为频率〕。在该区域内其磁场强度随离开天线的距离迅速减小，非接触式 IC 卡的载波频率为 13.56 MHz，$x=(3\times10^8\text{m})/13.56\times10^6=22.1$ m，典型的工作距离仅为若干厘米。

（2）电磁反向散射耦合

当读写器和 IC 卡之间的工作距离增大时（典型距离为 110m），一般使用超高频或微波频段的载波。例如，2.45 GHz 的微波波长 λ 为 12.2 cm，此时读写器与 IC 卡天线之间的通信是通过电磁波的发射与反射而实现的反向散射耦合（雷达原理）。

针对上述两种耦合方式而采用的两种调制方法为：负载调制和反向散射调制。

（1）负载调制

如果将一个谐振频率与读写器发送频率相同的 IC 卡放入读写器天线的交变磁场中，IC 卡就能从磁场取得能量，这将导致读写器天线电流的增加和读写器内阻 R 上的压降增大，如图 3.2.8 所示。IC 卡天线上负载电阻（图中的 VT）的接通和断开会使读写器天线上的电压发生变化，如果用 IC 卡要发送的数据（基带信号）来控制负载电阻的接通和断开，那么这

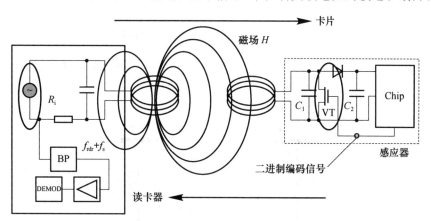

图 3.2.8 IC 卡能量的获得与负载调制

些数据就能从卡传输到读写器(在读写器天线上测到),这种数据传送方式称为负载调制。然而在天线上测得的信号幅度太小,实践中,对 13.56 MHz 的系统来说,当天线电压大约为 100 V(由于谐振使电压升高)时,有效信号仅有 10 mV 左右,要在天线上检测这些很小的电压变化对检测电路的要求很高,于是在下面即将介绍的国际标准中,采用的是使用副载波的负载调制。

在卡中,将接收到的载波进行分频而得到副载波。假设载波频率为 13.56 MHz,16 分频得副载波,其频率 f_H 为 847 kHz,卡要发送的数据采用曼彻斯特编码,ASK 调制,传输率为 106 kbit/s(847/8),负载调制的过程如图 3.2.9 所示。用已调制的副载波控制负载开关的接通和断开,对载波实行调制,形成最终的输出。

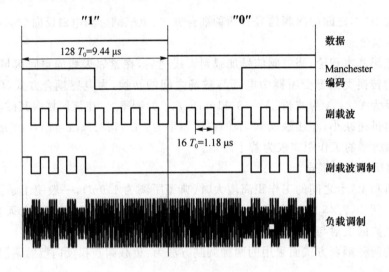

图 3.2.9　负载调制原理

对副载波负载调制的输出波形进行频谱分析(图 3.2.10),在载波 f_c 的 $\pm f$ 距离上出现

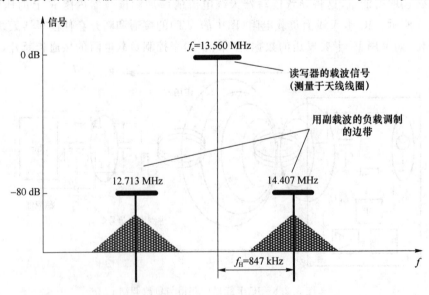

图 3.2.10　负载调制原理

频率分别为 f_c+f_H 和 f_c-f_H 的两个边带（sideband），可用带通滤波器将它们滤出，通过解调得数字基带信息。由于该两边带均含有传输信息，任选其一即可。在读卡器中，借助带通滤波器，将从 IC 卡来的微小有效信号从天线的高电压中分离出来，进而放大、解调得最终结果（如图 3.2.8 所示），该方法被广泛应用。

图 3.2.11 为使用副载波负载调制的 IC 卡电路举例。在 IC 卡天线线圈 L_1 上感应的电压用桥式整流器（$VD_1 \sim VD_4$）整流，稳压后用作 IC 卡供电电源，当卡接近读写器天线时，用并联稳压管 VD_5 限制供电电压的超额上升。分频器将 f:16 分频，得副载波 $f_H=847\ kHz$，受输入数据 DATA 控制后送到 VT_1，接通或断开负载电阻 R_2。

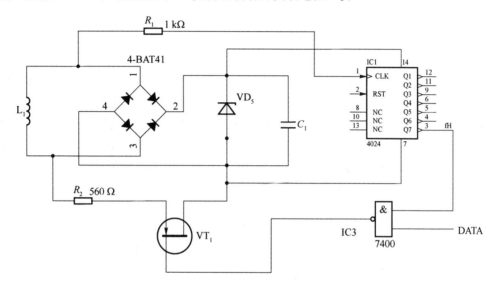

图 3.2.11 使用副载波负载调制的电路举例

从图 3.2.11 可以看到，IC 卡的能量来自读写器发送的载波，因此在设计读写器数据的编码和调制方式时，要尽量保证不间断地供给能量，也可采取接通或断开负载电容的方法进行调制。

（2）反向散射调制

超高频以上的 RFID 系统采用反向散射调制技术，类似于雷达技术，雷达天线发射的电磁波部分被目标吸收，其他部分向各方散射，其中仅有小部分返回天线。在 RFID 系统的电子标签中，通过发送数据控制标签天线的阻抗匹配情况来改变天线的反射系数。在图 3.2.12 中，要发送的数据是具有两种电平的信号，通过一个简单的混频器（与门）与中频信号完成调制，调制结果控制阻抗开关，由阻抗开关改变天线的反射系数，从而对载波信号完成调制。这种数据调制方式与普通的数据通信方式有较大的区别，在通信双方，仅存在一个发射机，却完成了双向的数据通信。例如，当标签发送的数据为 0 时，天线开关打开，标签天线处于失配状态，辐射到标签的电磁能量大部分被反射回读写器；当发送的数据为 1 时，天线开关关闭，标签天线处于匹配状态，辐射到标签天线的电磁能量大部分被标签吸收，极少反射回读写器，由此将标签中的数据传送到读写器。[19]

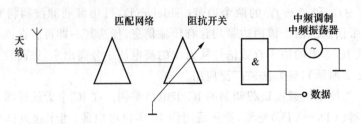

图 3.2.12　电子标签阻抗控制方式

3.3　扩频技术

扩频是用于传输模拟和数字信息的通信技术。图 3.3.1 具体描述了通用扩频系统的工作过程,发送方输入的数据经过调制器转换成模拟信号,该模拟信号围绕某个中心频率具有相对较窄的带宽,该调制器又可称为信道编码器。然后模拟信号与伪随机数生成器经调制后生成的扩频码同时送到混频器,混频器输出信号的带宽显著增加,即扩展了频谱,并送到天线,通过空中信道进行发送。接收方通过天线接收信号后,将伪随机数生成的同一扩频码同时送到混频器,经解调器后的输出数据即恢复成原发送方的输入数据。

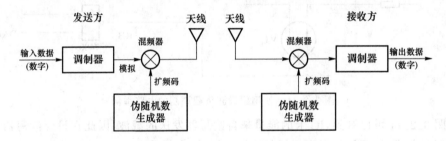

图 3.3.1　扩频系统的工作过程

以上扩频方法的优点:可防止被窃听与干扰,因为接收方和发送方使用同一扩频码才能恢复原始信息,而且生成扩频码的伪随机数,外人不可得知。

混频器将信号频率由一个量值变换成另一个量值,其输出信号频率可以等于两输入接口标准中用到此项技术。

3.4　多路存取(多标签射频识别)

深度详解扩频通信技术

在读写器的作用范围内可能会有多个 RFID 标签存在。在多个读写器和多个标签的射频识别系统中,存在着两种冲突形式:①一个标签同时收到几个读写器发出的命令;②读写器同时收到多个标签返回的信号。当前在射频识别系统中,主要存在的是第②种形式。但有些处理非接触式 IC 卡系统中,仅存在一个读写器和一张 IC 卡之间传送信息的状况,这就不存在多标签识别问题。

在由一个读写器和多个射频标签组成的系统中,存在从读写器到射频标签的通信和从射频识别标签到读写器的通信两种基本形式：

（1）从读写器到射频比射频标签的通信读写器发送的信息同时被多个标签接收；

（2）从射频标签到读写器的通信。

在读写器的作用下有多个标签同时将信息传送到读写器，这种方式称为多路存取，如图3.4.1所示。

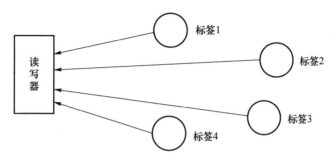

图 3.4.1 多路存取

多路存取一般有以下几种形式：空分多址、频分多址、时分多址、码分多址和正交频分多址。

（1）空分多址

SDMA 利用标签的空间特征（如位置）区分标签，配合电磁波传播的特征，可使不同位置的标签使用相同频率且互不干扰。例如，可利用定向天线或窄波束天线，使电磁波按一定方向发射，且局限在波束范围内，也可控制发射功率，使电磁波只作用在有限距离内。但空间分隔不能太细，某一空间范围一般不会仅有一个标签，所以 SDMA 常与其他多址方式结合使用。

（2）频分多址

FDMA 是把若干个不同载波频率的传输通路同时供标签使用。一般情况下，从读写器到标签的频率 f_s 是固定的，而射频标签可采用不同频率进行数据传送（$f_1, f_2, \cdots, f_n$），如图3.4.2所示。

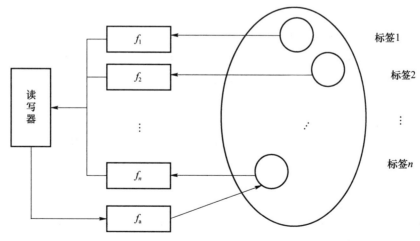

图 3.4.2 频分多址

（3）时分多址

TDMA 将整个可用的时间分配给多个标签，构成了多标签防冲突算法中应用最广的一种算法。

TDMA 将数据传送时间划分成若干时隙，每个标签使用某一指定时隙接收和发送信号。各标签按序占用不同时隙，但占用统一频带。TDMA 的主要问题是整体系统要精确同步，各时隙之间应保留有保护间隙，以减少数据串扰。

（4）码分多址

CDMA 采用扩频技术。发送方用一个宽带远高于信号带宽的伪随机数编码（或其他码）生成扩频码，调制所需传输的信号，即拓宽原信号的带宽，经调制后发送。接收方使用完全相同的伪随机数编码，与接收到的带宽信号做相关处理，把带宽信号解调为原始数据信号。不同用户使用互相"正交"的码片序列，它们占用相同频带，可实现互不干扰的多址通信，由于以正交和不同码片序列区分用户（或标签），所以称为"码分多址"，也称"扩频多址（SSMA）"。

"正交"的含义是被描述的信号（如子信号、子载波）之间不会互相干扰，它们与各自的上层信号（如信号、载波等）有精确的数学关系，且该数学关系不是唯一的。

（5）正交频分多址

OFDMA 将信道分为若干个子信道，将高速数据信号转换成并行的低速子数据流，调制到每个子信道上传输。接收方用相关技术可区分正交信号，减少子信道间的相互干涉。各子信道的带宽仅是原信道带宽的一小部分。每个用户可选择条件较好的子信道传输数据。

上述多种多路存取方式可组合起来使用。下面以"正交"和"码分"为例进行说明。

假设有 4 个用户（称为站），在码分多址（CDMA）系统中，共同占用一个通道，且同时发送数据（不用分时）。每个站有一个码片（Chips）序列，分别为 A、B、C 和 D，如图 3.4.3 所示。

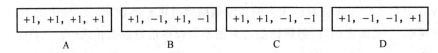

图 3.4.3　码片序列

按以下规则编码：假设每站仅发送 1 位。如果站发送数字"0"，则发送数值−1；如果站发送数字"1"，则发送数值+1；当站位空闲，没有信号发送，则发送数值 0。在图 3.4.4 中，假设站 1 和站 2 发送"0"，站 3 空闲，站 4 发送"1"。

发送步骤如下：

（1）多路发送器从各站分别接收数据，而且已转换成数值−1、−1、0 和 +1。

（2）站 1 发送的数值−1，乘以码片各列的每个 Chip，得到序列为−1、−1、−1 和−1。同理，得到其余 3 个序列如图 3.4.4 所示。

（3）将 4 个新序列的第一个 Chip 相加，第 2 个 Chip 相加，直到第 4 个，得到最后的新序列为−1、−1、−3 和 +1，并发送出去。

在接收端，对传送来的序列进行分解，如图 3.4.5 所示。其步骤如下：

（1）多路分解器接收从发送器送来的序列−1、−1、−3 和 +1。

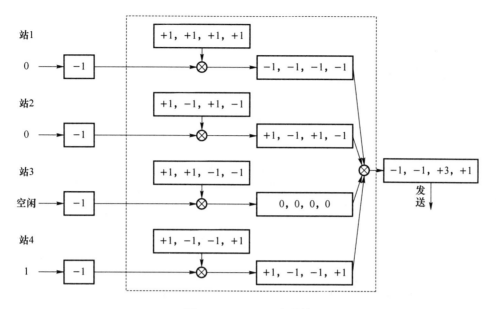

图 3.4.4 CDMA 发送端

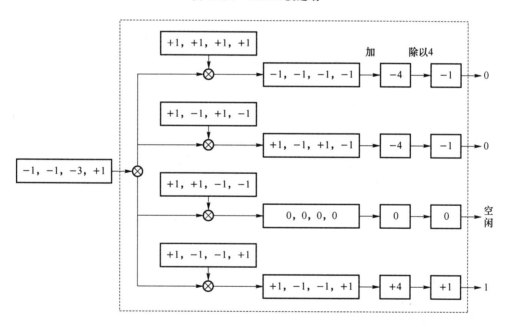

图 3.4.5 CDMA 接收端

（2）将接收到的序列,依次乘以码片序列的每个 Chip,得到 4 个新的序列,如图 3.4.5 所示。

（3）每个序列的 Chip 相加,结果分别为 -4、-4、0 和 $+4$。实际上所有例子的结果总是 $+4$、-4 或 0。

（4）将结果除以 4,得 -1、-1、0 和 $+1$。解码后为 0、0、空闲和 1。与各站发送的数字相等。

上例中讲到码片序列,不是随机产生的,是使用 Walsh 表生成的正交序列,具体方法不在本书中讨论。

3.5 非接触卡国际标准

根据非接触式 IC 卡操作时与读写器发射表面距离的不同,定义了 3 种卡及其相应的读写器,如表 3.5.1 所示。

表 3.5.1 非接触式 IC 卡、读写器及其对应的国际标准

IC 卡	读写器	国际标准	读写距离/cm
CICC	CCD	ISO/IEC 10536	紧靠
PICC	PCD	ISO/IEC 14443	<10
VICC	VCD	ISO/IEC 15693	<50

IC 卡为集成电路卡,表中 CICC 为 Close-Coupled ICC(紧耦合 IC 卡),PICC 为 Proximity ICC(接近式 IC 卡),VICC 为 Vicinity ICC(邻近式 IC 卡),CD 为 Coupling Device,是读写器中发射电磁波的部分。

在目前已发表的非接触式卡国际标准中,主要讨论的是卡的物理特性、发射/接收的电信号、防冲突机制、复位应答和传输协议。与接触式 IC 卡相比,非接触式 IC 卡还需要解决下述 3 个问题:

(1) IC 卡如何取得工作电压。

(2) 读写器与 IC 卡之间如何交换信息。

(3) 多张卡同时进入读写器发射的能量区域(即发生冲突或称为碰撞)时,如何处理。应满足在紫外线、X 射线、交流电场、交流磁场、静电、静磁场、工作温度、动态弯曲和动态扭曲等方面提出的要求。其测试方法在 ISO/IEC 10373 标准中描述。[20]

3.5.1 ISO/IEC 14443-2 射频能量和信号接口

PCD 和 PICC 开始对话的操作顺序如下:

(1) PCD 的 RF(射频)场激活 PICC。

(2) PICC 等待 PCD 的命令。

(3) PCD 发出一个命令。

(4) PICC 发出一个应答。

以上这些操作用的 RF 能量以及信号接口将在下面说明。

3.5.1.1 能量传送

PCD 产生耦合到 PICC 的 RF 电磁场,用以传送能量和双向通信(经过调制/解调)。

(1) PICC 获得能量后,将其转换成直流电压。

(2) RF 场的载波频率 f_c 是 (13.56 ± 7) kHz。

(3) RF 场的 H 值(磁场强度)在 $1.5\sim7.5$ A/m(有效值)之间,在此范围内 PICC 应能不间断地工作。

3.5.1.2 信号接口

本协议规定了两种信号接口：Type A(A类)和 Type B(B类)。某些厂家支持 A 类协议，某些厂家支持 B 类协议，也有的厂家同时支持 A 类和 B 类协议。图 3.5.1 所示为在 PCD 和 PICC 之间传送二进制信号(01001)的举例。两个方向传送的信号表示形式是不同的。

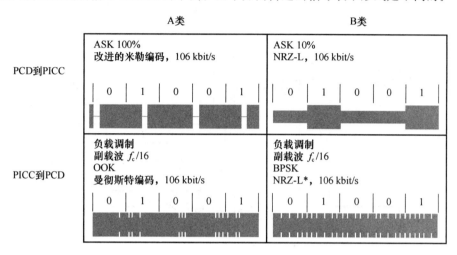

图 3.5.1 Type A 和 Type B 接口通信信号举例

1. 从 PCD 传送到 PICC 的信号(Type A)

（1）传输率

载波频率为 13.56 MHz，在初始化和防冲突期间，数据传输率＝13.56 MHz/128＝106 kbit/s，一位数据所占的时间周期为 9.4 μs。

（2）调制

采用 ASK100％调幅制，在 RF 场中创造一个"间隙(pause)"来传送二进制数据，图中灰影部分为载波，空白处即为间隙 pause。pause 的实际波形如图 3.5.2 所示。

（3）数位的表示和编码

定义以下时序：

① 时序 X：在 64/f_c 之处(位周期的中间)，产生一个 pause。

② 时序 Y：在整个位期间(128/f_c)不发生调制。

③ 时序 Z：在位期间的开始产生一个 pause 用以上的时序进行下列信息的编码。

用以上的时序进行下列信息的编码：

- 逻辑 1：时序 X。
- 逻辑 0：时序 Y。

但有以下两种例外情况：

➢ 假如相邻有两个或更多的 0，从第 2 个 0 开始(包括其后面的 0)采用时序 Z。

➢ 假如在帧的起始位后的第 1 位为 0，则用时序 Z 来表示这一位和直接跟随其后的 0。

- 通信开始：时序 Z。
- 通信结束：逻辑 0，跟随其后为时序 Y。
- 无信息：至少有两个时序 Y。

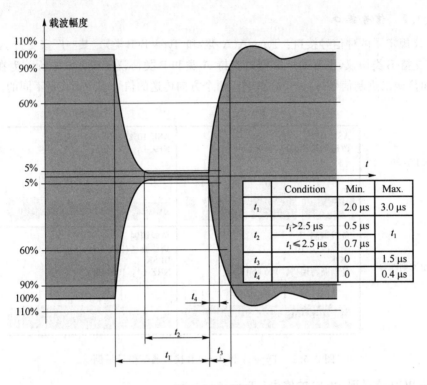

图 3.5.2 间隙

2. 从 PICC 传送到 PCD 的信号(Type A)

(1) 在初始化和防冲突期间数据传输率为 $f_c/128$(106 kbit/s)。

(2) 负载调制 PICC 通过电感耦合区与 PCD 进行通信。在 PICC 中,利用 PCD 发射的载波频率生成副载波(频率为 f_s),副载波是在 PICC 中用开通/断开负载的方法(load modulation)实现的。副载波的频率 f_s 等于 $f_c/16$(约 847 kHz),在初始化和防冲突期间,一位时间等于 8 个副载波时间。

(3) 数位表示和编码采用曼彻斯特编码,定义如下:

- 时序 D:载波被副载波在位宽度的前半部(50%)调制。
- 时序 E:载波被副载波在位宽度的后半部(50%)调制。
- 时序 F:在整位宽度内载波不被副载波调制。
- 逻辑 1:时序 D。逻辑 0:时序 E。
- 通信开始(S):时序 D。
- 通信结束(E):时序 F。
- 无信息:无副载波。

3. 从 PCD 传送到 PICC 的信号(Type B)

(1) 数据传输率在初始化和防冲突期间,数据传输率为 $f_c/128$(约 106 kbit/s)。

(2) 调制采用 ASK10%调幅制〔调制指数 $=(a-b)/(a+b)=8\%\sim14\%$〕,其调制波形如图 3.5.3 所示。

(3) 数位表示和编码

位编码格式为非归零制 NRZ-L。

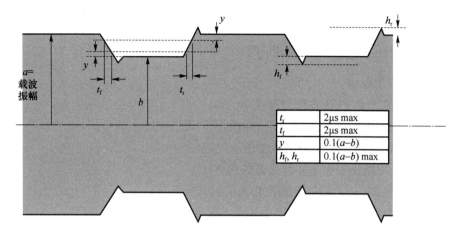

图 3.5.3 Type B 调制波形

逻辑 1:载波高幅度(无调制)。

逻辑 0:载波低幅度。

4. 从 PICC 传送到 PCD 的信号(Type B)

(1)数据传输率

在初始化和防冲突期间,数据传输率为 $f_c/128$(约 106 kbit/s)。

(2)负载调制

PICC 通过电感耦合区与 PCD 进行通信,在 PICC 中利用 PCD 发射的载波频率生成副载波(频率为 f_s),副载波是在 PICC 中用开通/断开负载的方法实现的。

副载波的频率 $f_s=f_c/16$(约 847 kHz)。在初始化和防冲突期间,一位时间等于 8 位副载波时间。

PICC 仅在数据传送时产生副载波。

(3)数位表示和编码

位编码采用不归零制 NZR-L,逻辑状态的转换用副载波相移 180°来表示。相位差只能发生在副载波上升或下降边缘的标称位置。

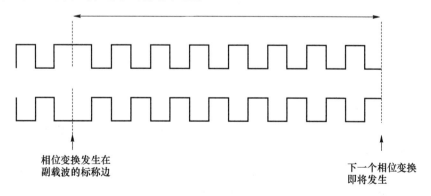

图 3.5.4 数位表示

从 PCD 发出任一命令后,在 TR_0 的保护时间内,PICC 不产生副载波,$TR_0>64/f_s$。然后,在 TR_1 时间内 PICC 产生相位为 g 的副载波(在此期间相位不变),$TR_1>80/f_s$。副载波的初始相位定义为逻辑 1,所以,第一次相位转变表示从逻辑 1 转变到逻辑 0。

3.5.2　ISO/IEC 14443-3 初始化和防冲突

本部分描述以下内容:

(1) PICC 在进入 PCD 场的轮询过程(polling)。

(2) 在 PCD 与 PICC 之间进行通信的初始化阶段所用的字节格式、帧和时序。

(3) 初始化 REQ 和 ATQ(命令和应答)的内容。

(4) 在多张卡中检出 1 张卡并与之通信的方法。

(5) 在 PCD 和 PICC 之间进行初始化通信的其他参数。

(6) 基于应用规范,加速从多张卡中选出 1 张卡的可选方法。

3.5.2.1　轮询

为了检出进入 PCD 能量场的 PICC,PCD 重复发出请求命令 REQA/REQB,并查寻应答 ATQA/ATQB,这一过程称为轮询(polling)。

REQA 和 REQB 分别为采用 Type A 和 Type B 规范的 PCD 所发出的请求命令。

当 PICC 进入尚未调制的射频场后,应能在 5 ms 时间内接收 PCD 的请求命令。

3.5.2.2　Type A——初始化和防冲突

本节描述应用于 Type A 的 PICC"位冲突"检测协议。

1. 字节与帧的格式

命令帧和响应帧传送时是成对的,PCD 发送帧到 PICC 后,经过延迟时间后,PICC 发送帧到 PCD。然后再延迟时间后,可启动下一对帧的传送。

1) 帧延迟时间

帧延迟时间定义为在相反方向上所发送的两个帧之间的时间。

(1) PCD 到 PICC 的帧延迟时间。

PCD 发送的最后一个间隙结束与 PICC 发送的起始位的第一个调制边之间的时间应遵守图 3.5.5 中的规定。其中,$1/f_c = 73.75$ ns。

该时序在下述命令-响应中应用:

- REQA 命令-响应;
- WUPA 命令-响应;
- ANTICOLLISION 命令-响应;
- SELECT 命令-响应。

FDT 采用 $(n \times 128 + 84)/f_c$ 和 $(n \times 128 + 20)/f_c$ 替换其他命令中适用的 $1\,236/f_c$ 和 $1\,172/f_c$,其中 $n \geqslant 9$,且为整数。当 $n=9$ 时,即为图 3.5.5 中的时序。

图 3.5.5 中,Last data bit transmitted by PCD 表示 PCD 发送的最后数据位;First modulation of PICC 表示 PICC 的第一个调制信号;Logic"1"表示逻辑 1;Logic"0"表示逻辑 0;FDT 表示帧延迟时间;Start/End of communication 表示通信开始/结束。

(2) PICC 到 PCD 的帧延迟时间。

PICC 发送的最后一个调制与 PCD 发送的第一个间隙之间的时间至少为 $1\,172/f_c$。

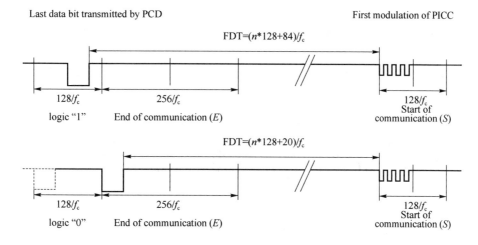

图 3.5.5 同步应答时序

2）请求保护时间

相邻两个 REQA 命令的起始位之间的最小时间定义为请求保护时间，其值为 $7\,000/f_c$。

3）帧格式（定义于位冲突检测协议）

短帧：REQA 帧（图 3.5.6）和 WUPA 帧。

	LSB							MSB	
S	0	1	1	0	0	1	0		E

图 3.5.6 短帧（REQA 帧）

这两帧应用于初始化通信，包含以下内容：

① 通信起始位 S。

② nX（8 个数据位＋奇校验位），其中 $n \geqslant 1$。数据字节的最低位先发送，每一数据字节后有一奇校验位。

③ 通信结束位 E。

4）面向位的防冲突帧

当至少有两个 PICC 发出不同的位样本（如唯一标识码）到 PCD 时，就能检测到冲突。在这种情况下，至少有一位的载波在整个位宽度内都被副载波调制。

面向位的防冲突帧只用在位帧防冲突循环时。标准帧由 7 个数据字节组成，被分成两部分（第 1 部分由 PCD 发送到 PICC，第 2 部分由 PICC 发送到 PCD），并提出下列规则：

- 规则 1：数据位的总数为 56 位。
- 规则 2：第 1 部分的最小长度是 16 个数据位。
- 规则 3：第 1 部分的最大长度是 55 个数据位。

因此，第 2 部分的最小长度是 1 个数据位，最大长度为 40 个数据位。

由于这两部分可在任意位置上分开，因此有如下两种情况：

（1）完整字节：在一个完整的数据字节之后分开，在第 1 部分的最后一个数据位之后有一个校验位。

（2）分开字节：在一个数据字节内分开，在第 1 部分的最后一个数据位之后不加校验位。

图 3.5.7 为完整字节的举例，图 3.5.8 为分开字节的举例。每一字节（SEL，NVB，…）的意义在以后介绍。

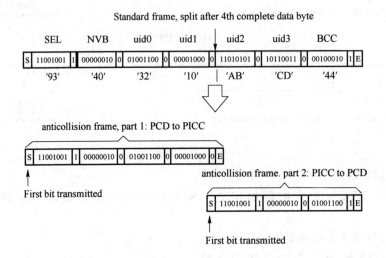

图 3.5.7　位防冲突帧的位组织与传送（完整字节）

图 3.5.7 中，Standard frame，split after 4th complete data byte 为标准帧，在第 4 个完整的数据字节后分开；First bit transmitted 为发送的第一位；anticollision frame，part1：PCD to PICC 为防冲突帧，第 1 部分，从 PCD 到 PICC；anticollision frame，part2：PICC to PCD 为防冲突帧，第 2 部分，从 PICC 到 PCD。图 3.5.8 中，standard frame，split after 2 data bytes ＋ 5 data bits 为标准帧，在第 2 个数据字节第 5 个数据位后分开。

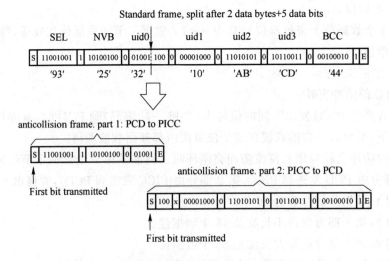

图 3.5.8　位防冲突帧的位组织与传送（分开字节）

2. PICC 的状态及其转换

（1）POWER OFF（断电）状态。PICC 由于缺少载波能量而处于断电状态,也不发射副载波。

（2）IDLE（休闲）状态。电磁场激活后延迟 5ms 时间以内,PICC 进入 IDLE 状态,在这一状态,PICC 加电,同时能够对已被调制的信号解调,并认识来自 PCD 的 REQA 和 WUPA 命令。

（3）READY（就结）状态。当接收到一个有效的 REQA 或 WAKE-UP 命令,就进入了 READY 状态,在这一状态中,可采用位帧防冲突或其他可供选择的防冲突方法。当 PICC 的 UID 被 PCD 发来的 SELECTION 命令选中时,就退出本状态。

（4）ACTIVE（激活）状态。当 PICC 的 UID 被 PCD 选中时就进入本状态。在激活状态,遵循更高层次协议（如 ISO/IEC1443-4）,完成本次应用所要求的全部操作。注:每张卡都有一标识符（ identifier,ID）,在同一应用中的所有卡的 ID 应该是各不相同的,称之为"唯一标识符（ unique identifier,UID）"。

（5）HALT（停止）状态。

（6）READY'状态和 ACTIVE'状态,其情况分别类似于 READY 状态和 ACTTVE 状态。

3. 命令集

PCD 管理进入其能量场的多张卡的命令如下:

REQA

WUPA

ANTICOLLISION

SELECT

HLTA

结合状态图进行说明。所有命令都是由 PCD 发出的。

1）REQA 命令和 WUPA 命令

这两条命令都是使卡进入 READY 状态,其差别是 REQA 命令从 IDLE 进入 READY 状态,而 WUPA 命令从 HALT 进入 READY'状态。命令代码如表 3.5.2 所示。

表 3.5.2　REQA 和 WUPA 命令代码

b_7	b_6	b_5	b_4	b_3	b_2	b_1	说　明
0	1	0	0	1	1	0	$'26'$=REQA
1	0	1	0	0	1	0	$'52'$=WUPA
0	1	1	0	1	0	1	$'35'$=可选的时隙方法（另一种防冲突机制）
1	0	0	X	X	X	X	$'40'$到$'4F'$专用
1	1	1	1	X	X	X	$'78'$到$'7F'$专用
所有其他							RFU

当 PICC 接收到 REQA 命令或 WUPA 命令后,在 PCD 能量场范围内的所有 PICC 同步发出 ATQA 响应。ATQA 的长度为 2 个字节,其编码如表 3.5.3 所示。

表 3.5.3 ATQA 的编码

b_{16}	b_{15}	b_{14}	b_{13}	b_{12}	b_{11}	b_{10}	b_9	b_8	b_7	b_6	b_5	b_4	b_3	b_2	b_1
RFU				专用编码				UID 长度位帧		RFU	位帧防冲突				

$b_8 b_7$ 表示 UID 位帧的长度。UID 的长度不是固定的,可以由 1,2 或 3 部分组成,其 $b_8 b_7$ 位分别为 00(UID 长度为 1)、01(UID 长度为 2)或 10(UID 长度为 3),如表 3.5.4 所示。

表 3.5.4 UID 的长度

ATQ 的 $b_8 b_7$	UID 长度	最大级联 CL	UID 的字节数
00	1	1	4
01	2	2	7
10	3	3	10

$b_5 \sim b_1$ 中有 1 位(仅有 1 位)置成 1,表示采用的是位帧防冲突方式。

所有 RFU 位均置成 0。

UID 结构定义如表 3.5.5 所示。

表 3.5.5 UID 结构定义

UID 长度:1	UID 长度:2	UID 长度:3	UID CL
UID0	CT	CT	UID CL1
UID1	UID0	UID0	
UID2	UID1	UID1	
UID3	UID2	UID2	
BCC	BCC	BCC	
	UID3	CT	UID CL2
	UID4	UID3	
	UID5	UID4	
	UID6	UID5	
	BCC	BCC	
		UID6	UID CL3
		UID7	
		UID8	
		UID9	
		BCC	

PCD 接收 ATQA 应答,PICC 进入 READY 状态,执行防冲突循环操作。

2) ANTICOLLISION 命令和 SELECT 命令

这两条命令用于防冲突循环,命令组成如图 3.5.9 所示。

SEL	NVB	UID CLn 数据位	BCC
1 字节	1 字节	0～4 字节	1 字节

图 3.5.9　ANTICOLLISION 命令和 SELECT 命令格式

（1）选择代码 SEL（1 字节），编码如表 3.5.6 所示。

表 3.5.6　SEL 的编码

b_8	b_7	b_6	b_5	b_4	b_3	b_2	b_1	说　明
1	0	0	1	0	0	1	1	'93'选择 UID CL1
1	0	0	1	0	1	0	1	'95'选择 UID CL2
1	0	0	1	0	1	1	1	'97'选择 UID CL3

（2）有效位数量 NVB（1 字节），编码如表 3.5.7 所示。有效位数量为命令的 SEL、NVB 和 UID CLn 数据位之和。

表 3.5.7　NVB 编码

b_8	b_7	b_6	b_5	b_4	b_3	b_2	b_1	说　明
0	0	1	0					字节数＝2
0	0	1	1					字节数＝3
0	1	0	0					字节数＝4
0	1	0	1					字节数＝5
0	1	1	0					字节数＝6
0	1	1	1					字节数＝7
				0	0	0	0	位数＝0
				0	0	0	1	位数＝1
				0	0	1	0	位数＝2
				0	0	1	1	位数＝3
				0	1	0	0	位数＝4
				0	1	0	1	位数＝5
				0	1	1	0	位数＝6
				0	1	1	1	位数＝7

（3）由 NVB 指定的 UID CI（0～40 位）。

当 NVB 指示其后有 40 个有效位时（NVB＝"70"），为 SELECT 命令；NVB 指示非 40 个有效位时（NVB≠70），为 ANTICOLLISION 命令。

UID CL 为 UID 的一部分，$1 \leqslant n \leqslant 3$，ATQA 的 $b_8 b_7$ 表示 UID 的长度。

NVB 的编码如表 3.5.7 所示。表中高 4 位代表字节数，低 4 位代表位数。SEL 与 NVB 字节也包括在字节数内。因此，最小字节数为 2，最大字节数为 7。此时，NVB 后面有 40 个数据位（ UID CL）。

（4）BCC 为 UID CL 的校验位，仅当 UID 数据位为 4 字节时才有，是前 4 个字节的"异或"值。如果是 SELECT 命令，在命令的最后还要增加 2 字节的 CRC-A 检验码。

PCD 发出防冲突命令的目的是，从 PICC 得到卡的 UID CL 的一部分或全部，从而达到在多张卡中选出一张卡进行交易的目的。

防冲突操作流程将在 HALT 命令后进行介绍。

3）HLTA 命令

HLTA 命令由 4 个字节组成，如图 3.5.10 所示。

S	'50'	'00'	CRC-A	E
	1 字节	1 字节	2 字节	

图 3.5.10　HLTA 字节组成

如果在 HLAT 命令帧结束后 1ms 时间内，PICC 以任何调制来响应，则该响应被定为"不确认"。

4. 初始化和防冲突时序

PCD 的初始化和防冲突流程如图 3.5.11 所示。图中的 SAK 是由 PICC 发给 PCD 的，是对选择命令的回答，表示被检出的 PICC 的所有 UID 位已经核实。

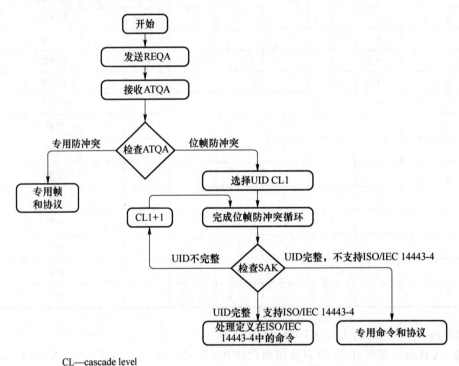

CL—cascade level

图 3.5.11　PCD 的初始化和防冲突流程

SAK 是一个标准帧，如图 3.5.12 所示。

SAK	CRC-A
1 字节	2 字节

图 3.5.12　SAK 标准帧字节组成

SAK 的编码,如图 3.5.13 所示。

MSB　　　　　　　　　　　　　　　　　　　　　　　　　　　　　　　　　　　LSB

b_8　　　b_7	b_6	b_5　　　b_4	b_3	b_2　　　b_1
RFU	0/1	RFU	0/1	RFU

图 3.5.13　SAK 编码

其中,b_3(Cascade 位)表示 UID 是否完整。$b_3=0$ 为完整,即 PICC 的 UID 已被 PCD 确认;$b_3=1$,表示还有部分 UID CL,($n=2$ 或 3)未经确认。

b_6 位表示是否支持 ISO/IEC143 协议,$b_6=1$ 为支持,$b_6=0$ 为不支持。

下面对图 3.5.11 中的位帧防冲突进一步解释。PCD 的防冲突循环如图 3.5.14 所示,其算法如下:

① PCD 指定防冲突命令 SEL 的代码为 93,95 或 97,分别对应于 UID CLI、UID CL2 或 UID CL3。

② PCD 指定 NVB 的值是'20',此值表示 PCD 不发出 UID CL 的任一部分,而迫使所有在场的 PICC 发回完整的 UID CLn 作为应答。

③ PCD 发送 SEL 和 NVB。

④ 所有在场的 PICC 发回完整的 UID CLn 作为应答。

⑤ 假如多于 1 张 PICC 发回应答,则发生了冲突。假如不发生冲突,可跳过⑩步。

⑥ PCD 应认出发生第 1 个冲突的位置。

⑦ PCD 指示 NVB 值说明 UID CLn 的有效位数目,这些有效位是接收到的 UID CLn 发生冲突之前的部分,后面再由 PCD 决定加一位 0 或一位 1,一般加"1"。

⑧ PCD 发送 SEL、NVB 和有效数据位。

⑨ 只有这样的 PICC,它们的 UID CLn 部分与 PCD 发送的有效数据位内容相等,才发送 UID CLn 的其余位。

⑩ 假如还有冲突发生,重复⑥～⑨步。最大循环次数为 32。

⑪ 假如没有再发生冲突,PCD 指定 NVB 为 70,此值表示 PCD 将发送完整的 UID CLn。

⑫ PCD 发送 SEL 和 NVB,接着发送 40 位 UID CLn,后面是 CRC 校验码。

⑬ 与 40 位 UID CLn 匹配的 PICC,以 SAK 作为应答。以下第⑧和⑨步在图 3.5.11 中完成(图 3.5.14 中未标出⑭和⑮)。

⑭ 如果 UID 是完整的,PICC 将发送带有 Cascade 位(b_3)为 0 的 SAK,同时从 EADY 状态转换到 ACTIVE(激活)状态。

⑮ 如果 PCD 检查到 Cascade 位为 1 的 SAK,将 CL 加 1,并再次进入防冲突循环。假如一张 PICC 的 UID 是已知的,PCD 可以跳过②～⑩步而不需要进入防冲突循环。

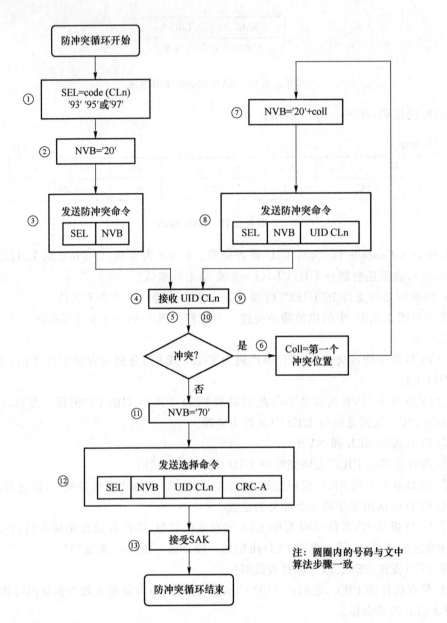

图 3.5.14　PCD 防冲突循环流程

下面举例说明初始化和防冲突过程(本例假设在 PCD 场内有两张 PICC)。

- PICC#1 的 UID 长度为 1,UID0 是 '10'。
- PICC#2 的 UID 长度为 2,位帧防冲突选择顺序如图 3.5.15 所示。

操作分如下三个阶段进行。

1. 请求

(1) PCD 发送 REQA 命令。

(2) 所有 PIC 应答 ATQA:

- PICC#1 指明采用位帧防冲突,UID 长度为 1。

- PICC♯2 指明采用位帧防冲突，UID 长度为 2。

位帧防冲突选择顺序如图 3.5.15 所示。符号"→"表示读写器发向卡的命令传送，符号"←"表示卡的响应。

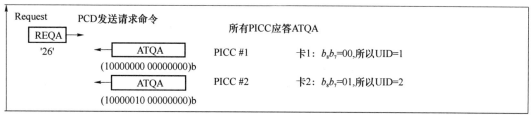

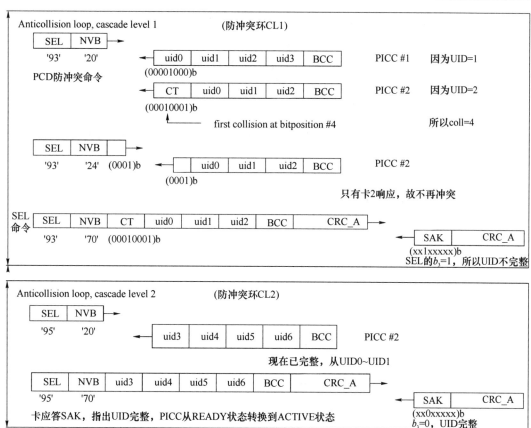

图 3.5.15 位帧防冲突选择 PICC 顺序(举例)

2. 防冲突循环 cascade level 1(CL1)

(1) PCD 发送防冲突(ANTICOLLISION)命令：SEL$'93'$，指明是位帧防冲突和 CL1NVB 的值为$'20'$，表示 PCD 不发送 UID CL1 部分。

(2) 在场的所有 PICC 以完整的 UID CL1 作为应答。

(3) 由于级联标志 CT=$'88'$，所以第一个冲突发生于第 4 位。

(4) PCD 发送另一个 ANTICOLLISION 命令，包含 UID CL1 的开始 3 位，这是在冲突位发生前接收的，后面再跟随 1 位(1)。PCD 指定 NVB=$'24'$。

上述 4 位等于 PICC♯2 的 UID CL1 前 4 位。

(5) PICC♯2 应答 UID CL1 的其余 36 位,因为 PICC♯1 不响应,所以不发生冲突。

(6) 因为 PCD 已经知悉 PICC♯2 UID CL1 的全部,所以它发出一个选择 PICC♯2 的 SELECT 命令。

(7) PICC♯2 应答 SAK,指出 UID 不完整。

(8) PCD 增加 cascade level(CL+1)。

3. 防冲突循环 cascade level 2(CL2)

(1) PCD 发送另外一个 ANTICOLLISION 命令:SEL′95′,指明是位帧防冲突和 CL2, NVB 为′20′,迫使 PICC♯2 以完整的 UID CL2 作为应答。

(2) PICC♯2 以完整的 UID CL2 作为应答。

(3) PCD 对 PICC♯2 发出 SELECT 命令(UID CL2)。

(4) PICC 应答 SAK,指出 UID 完整,并从 READY 状态转换到 ACTIVE 状态。

3.5.2.3　Type B——初始化和防冲突

1. 字节和帧

本节描述 Type B PICC 在通信初始化和防冲突阶段的字节、帧和命令的格式及时序的定义。

1)字节传送格式与字符间隔

在防冲突顺序中,PICC 和 PCD 之间双向传送的数据字节格式包括如下部分:

(1) 1 个低电平起始位;

(2) 8 个最低位先发送的数据位;

(3) 1 个高电平停止位。

因此,传送一个字节的字符需要 10 个 etu(etu 为时间单元),如图 3.5.16 所示。其中, b_1 为最低位, b_8 为最高位。

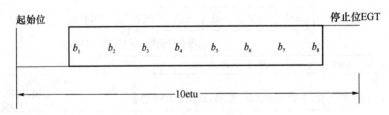

图 3.5.16　传送字符时序

字符中的位边界发生于 $(n-0.125)$etu~$(n+0.125)$etu 之间, n 是起始位下降边之后的边沿数 $(1 \leqslant n \leqslant 9)$。

一个字符与下一个字符被额外保护时间(extra guard time,EGT)分隔。

在相邻两个字符之间的 EGT,当字符从 PCD 发往 PICC 时是 $0 \sim 57 \mu s$($0 \sim 6$etu),当字符从 PICC 发往 PCD 时是 $0 \sim 19 \mu s$ ($0 \sim 2$etu)。超出上述时间被理解为帧出错。

2)帧分界符

PCD 和 PICC 以帧的格式传送数据,每一帧由数据字符和帧 CRC(2 字节)组成。数据帧都以 SOF 标识符作为帧的开始,EOF 标识符作为帧的结束。

SOF 标识符的长度至少为 12 etu,其组成如下〔图 3.5.17(a)〕:

(1) 1 个下降边;

(2) 长度为 10 etu 逻辑 0;

(3) 位于下一个 etu 内任何位置的上升边;

(4) 至少 2 etu(不超过 3 etu)逻辑 1。

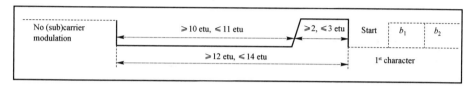

No(sub)carrier modulation—无副载波调制; Start—起始; 1ˢᵗcharacter—第一个字符。

(a) SOF 标识符

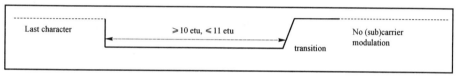

Last character—最后一个字符; No(sub)carrier modulation—无副载波调制。

(b) EOF 标识符

图 3.5.17 SOF 和 EOF 标识符

EOF 标识符的长度一般为 11 etu,其组成如下〔图 3.5.17(b)〕:

(1) 1 个下降边;

(2) 长度为 10etu 逻辑 0;

(3) 位于下一 etu 内任何位置的上升边。

3) PICC 和 PCD 之间传送方向转换时的副载波和 SOF、EOF

从 PCD 发送转换到 PICC 发送的时序如图 3.5.18(a)所示。TR_0(PCD EOF 和 PICC 产生副载波之间的时间)和 TR_1(PICC 产生副载波到传送第 1 位之间的时间)可以在防冲突会话开始时定义(见 ATTRIB 命令),其值可小于默认值。默认值在 ISO/IEC 14432 中定义:TR_0 的最大值是 $256/f_s$(仅对 ATQB)和 $(256/f_s) \times 2$(对所有其他帧),参见 ATQB 响应。TR_1 的最大值为 $200/f_s$。

图 3.5.18 中,Last character 表示最后的字符;Unmodulated carrier 表示载波(不调制);Subcarrier OFF 表示关副载波;Unmodulated subcarrier ON 表示接通副载波(不调制);f_s ON/OFF 表示 f_s 开启或关闭。

从 PICC 发送转换到 PCD 发送的时序如图 3.5.18(b)所示。PICC 在发送 EOF 后将关闭副载波,关闭时间不迟于 EOF 结束后 2 etu。PICC EOF 开始(下降沿)和 PCD SOF 开始(下降沿)之间的最小时间为 14 etu。

当 PICC 打算开始发送信息时,才可接通副载波。

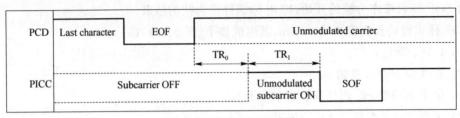

(a) 从PCD发送转到PICC发送

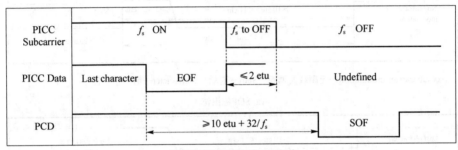

(b) 从PICC发送转到PCD发送

图 3.5.18 PICC 和 PCD 之间传送方向转换时的副载波和 EOF、SOF

2. CRC-B

接收到的数据帧(如图 3.5.19 所示)带有一个有效的 CRC-B 值,该帧才被认为是正确的。

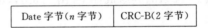

图 3.5.19 数据帧组成

CRC-B 是 k 个数据位的函数,该 k 个数据位由帧中所有的数据位组成,但不包括起始位、停止位、字节间的延迟、SOF、EOF 和 CRC-B 本身。位数 k 是 8 的倍数 2 字节的 CRCB 处于数据字节之后,EOF 之间。CRC-B 在 ISO/IEC 3303 中定义。

3. 防冲突原理

PCD 通过一组命令来管理防冲突过程。PCD 发出 REQB 命令启动多张 PICC 作出响应。如果有两张或更多卡同时响应,就发生了冲突。通过执行防冲突命令序列使得 PICC 完全置于 PCD 控制之下,在每一时刻只处理一张卡。

防冲突方案以时隙(time slot)为基础,时隙的个数由 REQB 命令中的参数决定,其范围为 1 至某个整数 N。假如有多张 PICC 进入 PCD 射频场,当接收到请求命令(REQB)时,每张卡各自产生一个随机时隙数 $R(1 \leqslant R \leqslant N)$,然后 PCD 发送时隙标记(slotMARKER)命令,在命令中给出 R 值,该命令的功能是读取处于第 R 个时隙中的 PICC 标识码(如卡的唯一序列号)。当 N 的数值较小时,就有较大概率使两张(或以上)PICC 产生相同的 R,于是就有两张(或以上)的 PICC 送回标识码,这就是冲突。举例如下:如果 $N=3$,且有 5 张 PICC 进入 PCD 的有效射频场,假设在接收到 REQB 命令后,有 2 张卡产生的 $R=1$,2 张卡的 $R=2$,1 张卡的 $R=3$。然后 PCD 发出时隙标记命令(读取 $R=1$ 的 PICC 标识码),发现有冲突。再发时隙标记命令,顺序读出 $R=2$ 和 $R=3$ 的 PICC 标识码,终于得到无冲突的 $R=3$ 的 PICC 标识码。接着 PCD 与无冲突的 PICC 建立一个通信通道,遵循更高层次的协议(如 ISO/IEC 14443-4)进行通信。处理完后 PCD 再重复发出 REQB 命令,已处理过的 PICC 不再接收此命令,因此仅有 4 张卡需要再处理,各自再次产生新的随机数 R,如果 N 仍等于 3,那么发生冲突的概率将减小。如此进行下去,直到所有的卡处理完毕。需要指出的是,当多次发送时隙标记命令时,命令中的 R 值可由 PCD 任意指定,不一定非得顺序增加。

Type B 的命令集允许 PCD 执行不同的防冲突管理策略,这个策略由应用设计者制订。

4. PICC 状态描述

在防冲突序列中,PICC 的具体操作是根据 PCD 命令和 PICC 所处的状态及状态间的转换条件确定的。图 3.5.20 为 PICC 状态转换流程图,有如下 6 种状态:

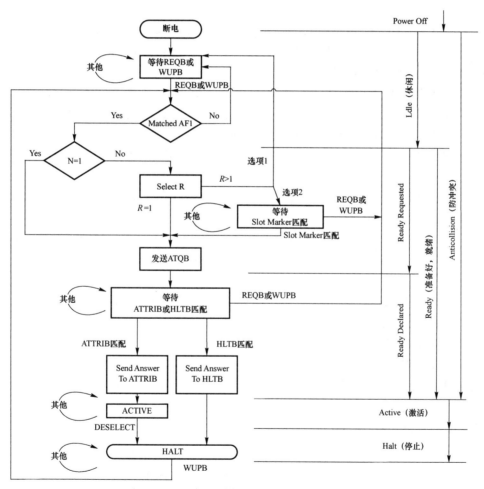

注: ① R是PICC在1~N范围内选择的一个随机数。
② 选项1,对不支持Slot-MARKER命令的PICC(概率方法)。
选项2,对支持Slot-MARKER命令的PICC(时隙方法)。
③ AFI为应用标识符。见REQB/WUPB命令。

图 3.5.20　PICC 状态转换流程图

（1）断电（power off）状态：PICC 由于不在载波能量场内而处于断电状态。如果 PICC 处于一个能量足够大的激励磁场内（Ha＝1.5A/m），则它将在不大于 5ms 的延迟内进入 IDLE 状态。

（2）IDLE（休闲）状态：PICC 生成电压，监听 REQB 或 WUPB 命令帧，当接收到有效的 REQB 或 WUPB 帧（含有参数 N 和匹配的应用标识符）时，PICC 进入 READYREQUESTED（就绪-请求）状态。

（3）READY- REQUESTED 状态：若 N＝1，则 PICC 将发送 ATQB 并进入 READY- DECLARED 子状态。若 N＞1，则 PICC 将内部产生在 1−N 之间的随机数 R。若 R＝1，则 PICC 将发送 ATQB 并进入 READY- DECLARED 子状态。若 R＞1，则采用概率路径（参考选项 1）的 PICC 将返回到 IDLE 状态，在发送 ATQB 并进入 READY- DECLARED 状态前，采用时隙路径（参考选项 2）的 PICC 将等待至收到一带有匹配时隙号 R 的 Slot-MARKER 命令。

（4）READY- DECLARED 状态：监听 PCD 发出的 REQB 或 WUPB 命令和 ATTRIB 命令。假如 ATTRIB 命令的 PUPI（见 ATTRIB 命令）与 PICC 中的 PUPI 匹配，PICC 就进入 ACTIVE（激活）状态，否则仍保留在原状态。

（5）ACTIVE（激活）状态：ATTRIB 命令已将通道号（即卡标识符，card identifier，CID）指定给 PICC。进入本状态后，PICC 监听更高层的报文（命令帧）。如果帧中的 CRC-B 有错或 CID 不同于赋给它的 CID，PICC 将不发副载波。

PICC 在 ACTIVE 状态，将不对 REQB、WUPB、slot-MARKER 和 ATTRIB 命令作出响应。

PICC 接收到 HALT 命令时，将进入 HALT（停止）状态。在高层协议，有专设的命令使 PICC 进入其他状态（IDLE 或 HALT）。

（6）HALT（停止）状态：PICC 静止，不发出负载调制也不再参与防冲突循环。如果射频场消失，PICC 回到 POWER-OFF 状态。

5. 命令集

用于管理多结点通信通道的 4 条命令：REQB/WUPB、SLOT-MARKER、ATTRIB 和 HLTB。这些命令都是由 PCD 发出的。所有防冲突命令的前缀字节为 X××××101PCD 发出的命令 REQB/WUPB 及 PICC 发出的响应 ATQB 如下。

（1）REQB/WUPB 命令

处于 IDLE 和 READY 状态的 PICC 将处理该命令。WUPB 还用于唤醒 HALT 状态中的 PICC。

REQB 命令格式，如图 3.5.21 所示。

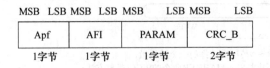

MSB LSB	MSB LSB	MSB LSB	MSB LSB
Apf	AFI	PARAM	CRC_B
1字节	1字节	1字节	2字节

图 3.5.21　REQB 命令格式

① 前缀字节：Apf＝'05'＝0000010。

② AFI（应用族标识符）：代表由 PCD 指定的应用类型，AFI 的作用是在 ATQB 之前预

选 PICC,只有那些具有 AFI 指定应用类型程序的 PICC 才能响应 REQB 命令 AFI 的高 4 位按应用类别进行编码(若为'0',包括所有应用类型),低 4 位按某类应用中的具体应用进行编码(若为'0',包括所有具体应用)。如果 AFI='00',则所有 PICC 都应响应 REQB 命令。

③ PARAM 编码如表 3.5.8 所示。

表 3.5.8 PARAM 编码表

RFU				REQB/WUPB	M		
b_8	b_7	b_6	b_5	b_4	b_3	b_2	b_1

$b_4=0$ 为 REQB 命令,$b_4=1$ 为 WUPB 命令。

M 是防冲突的主要参数,时隙总数 $N=f(M)$,如表 3.5.9 所示。

表 3.5.9 防冲突参数 M 与时隙总数 N 对照表

$M(b_3b_2b_1)$	000	001	010	011	100	101	11X
N	$2^0=1$	$2^1=2$	$2^2=4$	$2^3=8$	$2^4=16$	RFU	RFU

对于每个 PICC,在第一个时隙内响应 ATQB 的概率为 $1/N$(即产生随机数 $R=1$ 的概率)。

(2) ATQB 响应

REQB/WUPB 和 Slot-MARKER 命令的响应都被称为 ATQB。

ATQB 格式如图 3.5.22 所示。

MSB	MSB LSB	MSB LSB	MSB LSB	MSB LSB
APa	Indentifier (PUPI)	Application Data	Protocal Info	CRC_B
1字节	4字节	4字节	2字节	2字节

图 3.5.22 ATQB 格式

① 前级字节:APa=50=01010000。

② 标识符(PUPI):唯一的 PICC 标识符(Pseudo-Unique PICC Identifier,PUPI 用于区分 PICC,可以是唯一的 PICC 序列号的缩短形式或 PICC 接收每一个 REQB 命令后计算而得的随机数等。PUPI 只有在 IDLE 状态才能改变。

③ 应用数据(application data):该数据用来通知 PCD,在 PICC 上安装了哪些应用程序,这些数据允许在有多个 PICC 存在时,PCD 选择它所需的 PICC。

应用数据字段根据协议信息中的 ADC(应用数据编码)定义了两种编码:一种是下面叙述的包含有 CRC_B(AID)的编码;另一种是专用编码。

包含 CRC_B(AID)的应用数据字段格式如图 3.5.23 所示。

AFI	CRC_B	应用数目
1字节	2字节	1字节

图 3.5.23 CRC_B(AID)的应用数据字段格式

AID 是 ISO/IEC7816-5 中定义的应用标识符,CRC_B(AID)是对 AID 计算而得的检验码。这里的 AID 是指 PICC 中与 REQB/WUPB 命令中给出的 AFI 相匹配的一个应用的 AID。

应用数目指出 PICC 中是否还有其他应用。高 4 位给出与应用数据中 AFI 相一致的应用数目,0 表示没有其他应用,F 表示有大于或等于 15 个应用。低 4 位给出 PICC 中所有的应用数目,0 表示没有其他应用,F 表示有大于或等于 15 个应用。

④ 协议信息(protocal info):如表 3.5.10 所示。

表 3.5.10　协议信息

位速率能力	最大帧长度	协议类型	FWI	ADC	FO
8 位	4 位	4 位	4 位	2 位	2 位

- FO:PICC 支持的帧。

$b_2 b_1 = 10$,PICC 支持 NAD;$b_2 b_1 = 01$,PICC 支持 CID(卡标识符)。

- ADC:PICC 支持的应用数据编码。

$b_2 b_1 = 00$,专用编码;$b_2 b_1 = 01$,上述应用数据字段编码。其他值为 RFU。

- FWI:帧等待时间整数。

FWI 的值在 $0 \sim 14$ 之间(值 15 为 RFU),用以计算 FWT。

$FWT = (256 \times 16/f_c)2$,是 PCD 帧结束后到 PICC 响应的最大时间。

$FWI = 0$,$FWT_{min} = 302 \ \mu s$;$FWI = 14$,$FWT_{max} = 4\ 949 \ ms$。

- 协议类型:

$b_4 \sim b_1 = 0001$,PICC 支持 ISO/IEC 14443-4 协议。

$b_4 \sim b_1 = 0000$,PICC 不支持 ISO/IEC 14443-4 协议。

其他值是 RFU。

- 位速率能力:PICC 支持的位速率如表 3.5.11 所示。

表 3.5.11　PICC 支持的位速率

b_8	b_7	b_6	b_5	b_4	b_3	b_2	b_1	含　义
0	0	0	0	0	0	0	0	在两个方向上 PICC 仅支持 106 kbit/s
1	0	0	0	0	0	0	0	从 PCD 到 PICC 和从 PICC 到 PCD 强制相同的位速率
X	0	0	1	0	0	0	0	PICC 到 PCD,letu=64/f_c,支持的位速率为 212 kbit/s
X	0	1	0	0	0	0	0	PICC 到 PCD,letu=32/f_c,支持的位速率为 424 kbit/s
X	1	0	0	0	0	0	0	PICC 到 PCD,letu=16/f_c,支持的位速率为 847 kbit/s
X	0	0	0	0	0	0	1	PCD 到 PICC,letu=64/f_c,支持的位速率为 212 kbit/s
X	0	0	0	0	0	1	0	PCD 到 PICC,letu=32/f_c,支持的位速率为 424 kbit/s
X	0	0	0	0	1	0	0	PCD 到 PICC,letu=16/f_c,支持的位速率为 847 kbit/s

($b_4 = 1$)为 RFU,$b_7 \sim b_5$ 称为发送因子 DS,$b_3 \sim b_1$ 称为接收因子 DR

- 最大帧长度:最大帧编码与帧长度的关系如表 3.5.12 所示。

表 3.5.12 最大帧编码与帧长度的关系

编 码	0	1	2	3	4	5	6	7	8	9~F
帧长度/B	16	24	32	40	48	64	96	128	256	RFU

（3）Slot-MARKER 命令

格式如图 3.5.24 所示。

APn	CRC_B
1 字节	2 字节

图 3.5.24 Slot-MARKER 命令格式

APn=$'\times 5'$=nnnn0101，其中 nnnn 为时隙编号，在 1~15 之间，分别表示第 2~16 时隙。在 REQB/WUPB 命令之后，PCD 最多可发送 $N-1$ 个 Slot-MARKER 命令来指定时隙 R 发送的时隙编号并不一定要按顺序增加。0101 被表示为防冲突命令。PICC 对本命令的应答为 ATQB。

（4）ATTRIB 命令

该命令包括选择一张 PICC 所需要的信息。

PICC 接收此命令并被选择后（PUPI 匹配），将与一个唯一的未用通道 CID 相联系，该 PICC 不再响应除 CID 外的任何命令。为再次响应一个新的 REQB 命令，PICC 应该先解除选中（或通过断电/通电过程复位）。

ATTRIB 格式如图 3.5.25 所示。

APc	Identifier	参数 1	参数 2	参数 3	参数 4	高层 INF	CRC_B

图 3.5.25 ATTRIB 格式

① APc=1D=00011101。

② Identifier（标识符）编码：标识码 PUPI 是 PICC 在 ATQB 应答中发送的。

③ 参数 1 编码如图 3.5.26 所示。

TR_0	TR_1	EOF	SOF	RFU
$b_8\ b_7$	$b_8\ b_7$	b_4	b_3	$b_2\ b_1$

图 3.5.26 ATTRIB 命令参数 1 编码

TR_0 告诉 PICC，在 PCD 命令结束后到响应（发送副载波）之前的最小延迟时间，如表 3.5.13 所示。

表 3.5.13 TR_0 最小延迟时间对比表

TR_0	00	01	10	11
最小延迟时间	默认值	$48/f_s$	$16/f_s$	RFU

TR_1 告诉 PICC,从副载波接通到数据开始发送之间的最小延迟时间。

表 3.5.14 TR_1 最小延迟时间对比表

TR_1	00	01	10	11
最小延迟时间	默认值	$48/f_s$	$16/f_s$	RFU

TR_0 与 TR_1 的默认值在 ISO/IEC 14443-2 中定义。

EOF 和 SOF:b_4 或 b_3 指明 PCD 是否支持 EOF 或 SOF 的能力,该能力可以减少通信开销。

④ 参数 2 编码:低 4 位($b_4 \sim b_1$)用来编码可被 PCD 接收到的最大帧长度,其定义与 ATQB 的最大帧长度相同。高 4 位($b_8 \sim b_5$)用于位速率选择,如表 3.5.15 所示。

表 3.5.15 参数 2 的 $b_6 b_5$ 编码

b_6	b_5	含 义
0	0	PCD 到 PICC,letu$=128/f_c$,位速率为 106 kbit/s
0	1	PCD 到 PICC,letu$=64/f_c$,位速率为 212 kbit/s
1	0	PCD 到 PICC,letu$=32/f_c$,位速率为 424 kbit/s
1	1	PCD 到 PICC,letu$=16/f_c$,位速率为 847 kbit/s

⑤ 参数 3 编码:低 4 位($b_4 \sim b_1$)用于协议类型的确认,见 ATQB 的协议类型。高 4 位($b_8 \sim b_5$)被置为 0000,其他值为 RFU。

⑥ 参数 4 编码:低 4 位($b_4 \sim b_1$)被称为卡识别符,被定义为在 0~14 范围内寻址 PICC 的逻辑号,值 15 为 RFU。CID 由 PCD 规定并对任一时刻处于 ACTIVE 状态的 PICC 是唯一的。如果 PICC 不支持 CID,应使用编码值 0000。高 4 位($b_8 \sim b_5$)被置为 0000,其他值为 RFU。

⑦ 高层 INF:可包括如 ISO/IEC 14443-4 的 INF 字段那样传送的任一高层命令。

如果不包含任何应用命令,PICC 仍应成功处理 ATTRIB 命令。

ATTRIB 命令的应答如图 3.5.27 所示。

MBLI	CID	高层响应	CRC_B
1B		0 或多个字节	2B

图 3.5.27 ATTRIB 命令应答格式

第一字节由两部分组成:低 4 位($b_4 \sim b_1$)包含返回的 CID,如果 PICC 不支持 CID 则返回编码值 0000。高 4 位($b_8 \sim b_5$)称为最大缓冲区长度指数 MBLI,它由 PICC 使用,让 PCD 知道接收链帧的内部缓冲区的限制,MBLI 的编码如下:

- MBLI=1,表示 PICC 不提供内部缓冲器长度的信息。
- MBL>0,根据公式"MBL＝PICC 最大帧长度×2"计算,式中 MBL 为实际内部最大缓冲器长度,PICC 最大帧长度由 PICC 在其 ATQB 响应中返回。

- PICC 应使用一个空的高层响应对没有高层 INF 字段（空）的 ATTRIB 命令作出响应。

（5）HLTA 命令及响应

该命令将 PICC 置为 HALT 状态。在该状态 PICC 不响应 REQB 命令，仅对 wUPB 命令作出响应，并忽略所有其他命令。

HALT 命令格式如图 3.5.28 所示。

'50'	标识码	CRC_B(AID)
1 字节	4 字节	2 字节

图 3.5.28　HALT 命令格式

HALT 响应格式如图 3.5.29 所示。

'00'	CRC_B(AID)
1 字节	2 字节

图 3.5.29　HALT 响应格式

3.5.3　ISO/IEC 14443-4 传输协议

在 ISO/IEC 14443-3 中已讨论了初始化、防冲突和 PICC 卡的选择，在这里将继续讨论 ACTIVE 状态、状态转换（从 ACTIVE 状态转换到 HALT 状态）和半双工分组传输协议。[21]

有关 PICC Type B 的激活序列已在 ISO/IEC 14443-3 中定义，所以在本节中仅介绍 Type A 的激活序列。

3.5.3.1　PICC Type A 的激活序列

开始时，为了得到 ATS(answer to select)，PCD 必须检查 SAK 字节。SAK 的定义见 ISO/IEC 14443-3。假如 SAK 表示已根据 UID 选中了一张 PICC。PCD 将发送 RATS (requestor answer to select)，以后 PICC 发送 ATS 来回答 RATS。假如 PCD 检查到它不支持该 PICC 或协议，它将置 PICC 于 HALT 状态或使用 PSS(protocal and parameter selection)转到另一个支持的协议。

PICC 完成一次交易之后，将被置于 HALT 状态。图 3.5.30 从 PCD 角度观察 PICC Type A 的激活序列。

RATS 和 ATS 请求选择应答：选择 PICC 后，PCD 发送 RATS，PICC 发出 ATS 作为 RATS 的应答。

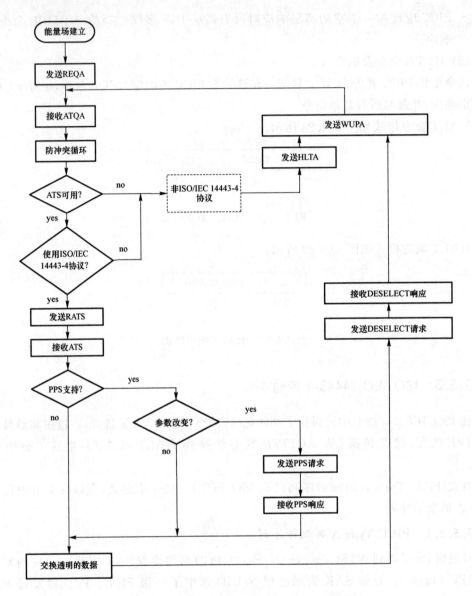

图 3.5.30　从 PCD 角度观察 PICC Type A 的激活

1. RATS 命令

发送的 RATS 帧包括 RATS 命令代码 CMD、参数 Param 和 CRC，如图 3.5.31 所示。

CMD	Param	CRC
1 字节	1 字节	2 字节

图 3.5.31　RATS 帧格式

（1）RATS 的命令代码是 $'E0'$。

（2）RATS 的参数字节包括如下两部分：

① 高半字节（$b_8 \cdots b_5$），称为 FSDI(frame size proximity coupling device integer)，是个

整数值,用以确定 FSD 的长度(frame size proximity coupling device),FSD 是 PCD 可接受的帧的最大值。

② 低半字节$(b_4 \cdots b_1)$,称为卡标识符。定义为被访问的 PCC 的逻辑通道号,其范围为$'0' \sim 'E'$,$'F'$为 RFU。CID 是 PCD 指定的,而且对所有处于 ACTIVE 状态的 PICC 是唯一的。

2. ATS 选择应答

1) ATS 结构

如图 3.5.32 所示,长度字节 T_L 之后有一串数是可变的序列字符,其顺序如下:

(1) 格式字节 T;

(2) 可选的接口字节 TA_1、TB_1 和 TC_i;

(3) 历史字符 T_1、$\cdots$、T_k;

(4) 校验码 CRC_1、CRC_2。

T_L 说明发送的 ATS 长度(包括 T_L 在内,CRC 字节未包含在内),ATS 的最大长度不应超过 FSD,因此 T_L 的最大值不超过 FSD-2。

2) 格式字节 T

格式字节 T 包括如下两部分:

(1) 高半字节的 $b_8 = 0$,$(b_7 \cdots b_5)$,称为 Y_1,分别表示其后面的接口字符 TC_1、TB_1 和 TA_1 是否存在。

(2) 低半字节$(b_4 \cdots b_1)$,称为 FSCI(整数),用来确定 PICC 的帧长度 FSC,FSC 是 PICC能接收的帧的最大长度,其编码表如表 3.5.16 所示。

表 3.5.16 FSC 编码表

FSCI	$'0'$	$'1'$	$'2'$	$'3'$	$'4'$	$'5'$	$'6'$	$'7'$	$'8'$	$'9' \sim 'F'$
FSC(字节)	16	24	32	40	48	64	96	128	256	>256

FSD 的编码表与 FSC 的编码表相同。PPS 请求如图 3.5.33 所示。

3) 接口字节 TA_1、TB_1 和 TC_1

(1) TA_1:指定 PICC 和 PCD 的传输率(如表 3.5.11 所示),由如下 4 部分组成。

• b_8:指定双向传输率是否相同,0 为不同,1 为相同。

• $b_7 \sim b_4$:表示从 PCD 到 PICC 的位传输能力,称为发送因子(divisor send,DS)。

• $b_3 \sim b_1$:表示从 PICC 到 PCD 的位传输能力,称为接收因子(divisor receive,DR)。

PCD 利用 PPS 可以选择一个不同的默认值(位传输率为 106 kbit/s)或 TA_1 中定义的DS、DR。

(2) TB_1:定义了帧等待时间和专用的帧保护时间。TB_1 包括如下两部分。

① 高半字节$(b_8 \cdots b_5)$:称为帧等待时间整数(frame waiting time integer,FWI),用于决定帧等待时间(frame waiting time,FWT)。FWT 定义为 PCD 发送的帧和 PICC 发送的应答帧之间的最大延迟时间。FWI 的编码为 0~14(整数),15 保留(RFU),默认值为 2。

② 低半字节$(b_4 \cdots b_1)$:称为启动帧保护时间整数(startup frame guard time integer,FGI),用于定义启动帧保护时间(startup frame guard time,SFGT)。这是 PICC 在它发送ATS 以后,到准备接收下一帧之前所需要的特殊保护时间。SFGI 的编码范围为 0~14,15

保留（RFU），默认值为 0。SFGT 的计算公式如下：

$$SFGT = (256 \times 16/f_c) \times 2^{SFGI}$$

其最大值为 4 909 ms。

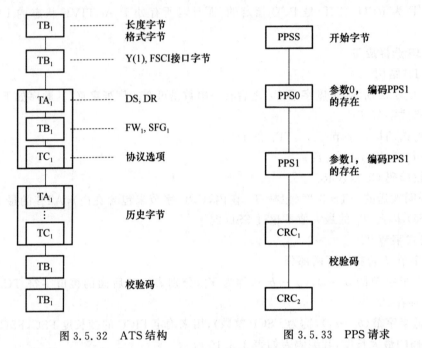

图 3.5.32　ATS 结构　　　　图 3.5.33　PPS 请求

（3）TC_1：规定了协议的参数，$b_8 \sim b_3$ 为 000000。若 $b_2 = 1$，支持 CID；若 $b_1 = 1$，支持 NAD。$b_2 b_1$ 的默认值为 10，支持 CID。

4）历史字节

在 ISO/IEC 7816-4 中定义。

3. 协议和参数选择

PPS 请求（如图 3.5.33 所示）用于改变协议参数（PCD 发送 PPS 请求，PICC 返回 PPS 响应）

- PPSS：$b_8 \sim b_5 = 1101$，$b_4 \sim b_1$ 为 CID（访问 PICC 的逻辑号）。
- PPS0：表示可选字节 PPS1 的存在（如果 $b_5 = 1$）。

PPS0 的 $b_8 \sim b_6 = 000$，$b_4 \sim b_1 = 0001$，其他值为 RFU。

- PPS1：高半字节 $b_8 \sim b_5 = 0000$，其他值为 RFU。在低半字节中，$b_4 b_3$ 为 PSI，是从 PICC 到 PCD 传输数据的位速率整数因子。$b_2 b_1$ 为 DRI，是从 PCD 到 PICC 的位速率整数因子。$DR = 2^{DRI}$，$DS = 2^{DSI}$。位传输率 = DR（或 DS）× 106 kbit/s。

PPS 响应由开始字节 PPSS 和 2 字节 CRC 组成，其 PPSS 的内容与接收到的 PPS 请求中的 PPSS 内容相同。

4. 激活帧等待时间

激活帧等待时间为 PICC 在接收到来自 PCD 的帧结尾后开始发送其响应帧的最大时间，其值为 $65\,536/f_c$（约 4 833 μs）。

在任一方向上两个帧之间的最小时间在 ISO/IEC 14443-3 中定义。

3.5.3.2 半双工分组传输协议

协议所用的帧格式在 ISO/IEC 14443-3 中规定,本节包括数据分组的帧结构、数据传送控制(如流程控制、分组链和错误纠正)和专用接口控制的机构。

协议的设计根据开放系统互联参考模型的分层原则,特别注意减少各层之间的互相影响。协议定义了如下 4 层。

- 物理层:交换字节,遵循 ISO/IEC 14443-3。
- 数据链路层:交换分组,定义于本节。
- 会话层:结合数据链路层,以求得最小的开销。
- 应用层:处理命令,在任意方向至少交换一个分组或分组链。

1. 分组格式

图 3.5.34 描述了一个分组的组成,包括开始字段(必备)、信息字段(可选的)和结尾字段(必备)。

开始字段			信息字段	结尾字段
PCB	[CID]	[NAD]	[INF]	EDC
1字节	1字节	1字节	0~251字节	2字节

图 3.5.34 分组格式

1) 开始字段

该字段是必备的,最多由 3 个字节构成。

- 协议控制字节 PCB(必备);
- 卡标识符 CID(可选);
- 结点地址字段 NAD(可选)。

(1) PCB。包含控制数据传输所需的信息,定义了三种基本分组类型。

① D1-block:包含应用层所用的信息,另外,还包含了正常或有错的确认。

② R-block:包含正常或有错的确认,该确认与最后接收的分组有关。

③ S-block:在 PCD 和 PICC 之间交换控制信息,INF 字段是否存在有赖于它的控制。有两种 S-block,包含 1 字节 INF 字段的等待时间扩展和不含 INF 字段的 DESELECT 命令。

PCB 的编码如下:

- I-block

$b_8 b_7$:00(I-block)。

b_6:0。

b_5:链接位 M(表示还有数据需传送)。

b_4:后随有 CID(若 $b_4 = 1$)。

b_3:后随有 NAD(若 $b_3 = 1$)。

b_2:1。

b_1:分组号。

- R-block

b_8b_7:10(R-block)。

b_6:1。

b_5:若为0,则确认(ACK);若为1,则否定确认(NAK)。

b_4:后随有 CID(若 $b_4=1$)。

b_3:0。

b_2:1。

b_1:分组号。

- S-block

b_8b_7:11(S-block)。

b_6b_5:00 (DESELT)、11(WTX)。

b_4:后随有 CID(若 $b_4=1$)。

b_3:0。

b_2:1。

b_1:0。

所有其他值均为 RFU。

(2) CID。用于访问指定的 PICC,该 PICC 的 CID 是在卡激活时被指定的,然后保持不变。当 PICC 成功进入 HALT 状态时,CID 失效。

b_8b_7:用来指示 PICC 的能量水准,即用来表示是否有足够的能量完成全部功能。

$b_8b_7=01$,表示没有足够能量完成全部功能。

$b_8b_7=10$,表示有足够能量完成全部功能。

$b_8b_7=11$,表示有更多能量完成全部功能。

CID 字段的 $b_6b_5=00$。$b_4\sim b_1$ 为 CID 编码。

(3) NAD。在 PCD 和 PICC 间建立逻辑连接。NAD 字节的编码(在 ISO/IEC 7816-3 中定义)如下。

$b_8=0$。

b_7、b_6、b_5:DAD(目标结点地址)。

$b_4=0$。

b_3、b_2、b_1:SAD(源结点地址)。

PCD 发送的第一个分组的 NAD 建立 SAD 和 DAD 的联系,用此方法定义了一个逻辑连接。以后,如果 PCD 发送一个分组用 NAD,那么 PICC 的应答同样有 NAD。NAD 字段仅在 I-block 中有效,如果用到分组链,仅在链的第一个 I-block 包含字段。R-block 和 S-block 没有 NAD 字段。PCD 不使用 NAD 去访问不同的 PICC,CID 被用于访问不同的 PICC。

2) 信息字段

INF 字段是可选的。若 INF 在 I-block 中,则为应用数据;若在 S-block 中,则不是应用数据而是状态信息。

3) 结束字段

该字段包含发送分组的错误检测码。

协议规定使用 ISO/IEC 14443-3 中定义的循环冗余校验码。

2. 帧等待时间

FWT 给 PICC 定义了在 PCD 帧结束后开始其响应的最大时间,在任何方向上两个帧之间的最小时间,在任何方向上两个帧之间的最小时间在 ISO/IEC 1444-3 中定义。

FWT 的计算公式:

$$FWT = (256 \times 16/f_c) \times 2^{FWI}$$

其中,FWI 的值在 0~14 之间,15 为 RFU。

对于 Type A,若 TB1 倍省略,则 FWI 的默认值为 4,给出的 FWT 值约为 4.8 ms。

FWT 应用于检测传输差错或无响应的 PICC,如果来自 PICC 的响应没有在 FWT 时间内开始,则 PCD 获得重发的权力。

Type B 的 FWI 值在 ATQB 中设置(见 ISO/IEC 1444-3),Type A 的 FWI 值在 ATS 中设置。

3. 帧等待时间扩展

当 PICC 临时需要比定义的 FWT 更多的时间时,应使用 S(WTX)请求。S(WTX)请求包含 1 字节 INF 字段,它由如下两部分组成。

- $b_8 b_7$:编码能量水平指示。
- $b_6 \sim b_1$:编码 WTXM。WTXM 在 1~59 范围内编码,值 0 和 60~63 为 RFU。

PCD 通过发送 1 字节 INF 字段来确认,该字节的 $b_8 b_7$ 为 00,$b_6 \sim b_1$ 编码 FWT 的 WTXM 值。FWT 的临时值的计算公式:

$$FWT_{临时} = FWT \times WTXM$$

PICC 需要的 $FWT_{临时}$ 在 PCD 发送了 S(WTX)响应后开始。当公式得出的结果大于 FWT_{MAX} 时,应使用 FWT_{MAX}。$FWT_{临时}$ 仅在下一个分组被 PCD 接收到时才应用。

课 后 习 题

3.1 按读写范围、读写速率和使用环境要求,RFID 标签可以分为哪几类?

3.2 数字信号常用的编码方式有哪些?

3.3 常用的调制方式有哪些?为什么要对数字信号进行调制?

3.4 非接触式 IC 卡和 RFID 标签怎样获取工作所需的直流电源?

3.5 什么叫冲突?Type A 和 Type B IC 卡怎样实现防冲突?

3.6 目前非接触式 IC 卡有哪些国际标准?

3.7 非接触式 IC 卡与接触式 IC 卡相比还需要解决哪些问题?

第 **4** 章 智能卡安全

随着智能卡应用范围的不断扩大,针对智能卡的各种各样的攻击性犯罪现象已经出现,而且有增长的趋势,因此智能卡的安全和保密性显得日益重要。本章介绍智能卡目前采用的一些安全保证技术,如身份鉴别技术、报文鉴别技术和数字签名技术。采用这些安全技术可以保证智能卡的内部信息在存储和交易过程中的完整性、有效性和真实性,防止对智能卡进行非法的修改。无论采取什么手段和方法,在设计智能卡的安全和鉴别体制时,都应遵循简单、实用、易于操作的基本原则,这样的系统才有竞争力。

4.1 身份认证

移动互联时代
智能卡面临的安全
挑战与解决之道

身份认证主要解决的问题是防止不法分子使用他人的智能卡,冒充合法用户进入系统,对系统进行实质上未经授权的访问。这类行为还包括私自拆卸、改装智能卡的读写设备。

身份认证分为智能卡自身校验和外部校验。前者也称为用户鉴别,通常先由用户提供可验证的令牌(可以是 PIN 或者生物信息等),并由智能卡对令牌的正确性进行验证,如果验证通过,改变智能卡的安全状态为验证通过状态,用户从而获得相应的使用权限;如果令牌不正确,则错误计数器的值减 1,若错误的尝试次数达到错误计数器的上限,则智能卡会自动锁定,相当于智能卡报废。外部认证则是由智能卡向操作方进行验证的过程,首先由卡发送一个随机数到操作方,之后操作方会根据自己掌握的外部认证私钥对这个随机数加密,并将加密后的内容发回智能卡,最后智能卡再用公钥进行解密和原随机数进行比对,确认是否转入后续高权限的操作。[22]

下面介绍身份认证的基本方法。

用户鉴别的首要问题是验证持卡人的身份,减少智能卡被冒用的可能性。用户鉴别可以采用若干种方法来实现,目前在这一方面使用最多的方法就是通过验证用户个人识别码 PIN(或称为 password)来确认使用智能卡的用户是不是合法的持卡人。

该方法为,持卡人利用读写设备的键盘向智能卡输入 PIN,智能卡把它和实现存储在卡内的 PIN 加以比较,比较结果在以后访问存储器和执行指令时作为参考,用来判断可否访问或执行。这一过程如图 4.1.1 所示。

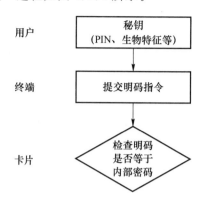

图 4.1.1 PIN 明码比较过程

智能卡技术和身份认证

在验证过程中,由于智能卡内含有 IC 芯片,因此把 PIN 的比较过程放到智能卡内部去完成,这减少了内部 PIN 暴露的可能性。但是,从图 4.1.1 中也可以看出,在终端机和卡片之间采用的是明码 PIN 传送,因此这种方法的抗攻击能力不强,持卡人输入的 PIN 容易被窃取而暴露。为克服这一缺点,针对具有计算能力的 CPU 卡,4.2 节我们将讨论一种带密码 PIN 运算的验证方法,以及更现代化的一些验证方法。

存储区域保护也属于智能卡身份认证的范畴,存储区域保护指的是把智能卡的数据存储器划分成若干区,对每个区都设定各自的访问条件。只有在符合设定条件的情况下,才允许对相应的数据存储区域进行访问,如表 4.1.1 所示(O 为允许,×为不允许)。需要指出的是,表 4.1.1 中列举的存储区域,其访问条件的设定因卡而异,或因用途不同而不同,因此表中的设定不具有普遍性,仅供参考。表 4.1.1 中假设有两个密码,发行密码用来验证发行商身份,PIN 用来认证持卡人身份。

表 4.1.1 存储区域保护示意

存储区域	确认发行密码以后		确认 PIN 以后		确认 PIN 以前		数据举例
	读	写	读	写	读	写	
条件 1 区	O	O	×	×	×	×	加密秘钥
条件 2 区	×	×	O	O	×	×	交易数据
条件 3 区	O	O	O	×	×	×	存取权限
条件 4 区	O	O	O	×	O	×	用户名等

通过存储区域的划分,普通数据和重要数据被有效地分离,各自接受不同程度的条件保护,相应地提高了智能卡安全的强度。[23]

智能卡与外部系统之间的个人身份认证

4.2 改 进 方 法

如图 4.2.1 所示,为了防止 PIN 明文在与智能卡(与终端)的交互中直接暴露,我们可以引入密码学的手段,增强 PIN 身份认证的安全性。其过程如下:

終端机在和智能卡建立通信后,智能卡将自动产生一组随机数,随机数将以明文的形式发到终端中。随后用户输入 PIN 值,在终端机将输入的 PIN 与随机数进行按位加或异或操作,得到的值将使用公钥进行加密,加密后的内容只有位于智能卡中的私钥才能进行解密。终端机将加密后的结果传回智能卡,智能卡使用私钥解密数据,再用智能卡中存储的真正的 PIN 进行按位加或异或运算。如果用户输入的 PIN 正确,那么最后一部得到的值将是智能卡在通信最初产生的那个随机数,由此整个认证过程完成,通信将进入下一步。

和基本方法相比,终端机并没有把用户提交的 PIN 以明文的形式发送到智能卡中进行比对,这样就杜绝了在传输过程当中,PIN 被第三方截取的风险,明显增强了 PIN 验证的可靠性和准确性。

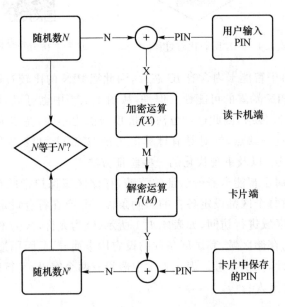

图 4.2.1 PIN 密码运算鉴别方法

PIN 认证技术从一个方面解决了验证持卡人身份的问题,但是从本质上看,它能证明的只是当前使用智能卡的用户知道这张卡片的 PIN 号,这与证明持卡人是该智能卡的真正合法授权人并不等同。因为常常有一些用户为了不忘记 PIN 号,就直接把它记在自己的智能卡上(这是不允许的),这样,一旦失窃,就会被非法分子所利用;而且一般用户往往还会不经意地泄露自己的 PIN 号,所以,如果要保证智能卡达到较高的安全水平,仅使用 PIN 认证技术是不够的,必须使用一些新的安全防护方法。[24]

生物识别技术指的是利用人固有的生理和行为特征进行个人身份的鉴定,是目前最为方便与安全的识别技术。人的生物特征具有很高的个体性,世界上没有两个人的生物特征是完全相同的,而且生物的特征是无法伪造的,因而生物鉴别技术的安全性很高。实际上,人们使用生物鉴别技术的历史已经很长了,人们很早就在侦破犯罪案件的过程中使用指纹、血液等生物特征来识别罪犯。

生物识别技术主要通过计算机与光学、声学、生物传感器和生物统计学原理等高科技手段密切结合,利用人体固有的生理特性(如指纹、脸像、虹膜等)和行为特征(如笔迹、声音、步态等)来进行个人身份的鉴定。它在智能卡中的应用是基于生物统计学的规律。

表 4.2.1 生物鉴别技术一览

生理特性或行为特征	拒绝失败率	接受失败率
动态手写签名	1.0	0.5
手型	<1.0	1.5
指纹	1.0	0.025
语音	3.0	<1.0
视网膜	<1.0	可忽略

表 4.2.1 列出了一些常用的生物鉴别技术及其相应的一些重要参数。表中的"拒绝失败率"是指对应该接受的特征没有拒绝的概率,"接受失败率"是指对应该接受的特征没有正确接受的概率,二者之间相对于不同安全要求的系统有不同的平衡关系,对安全要求高的系统拒绝失败率应低,反之则可以稍高些。可见采用指纹、手型和视网膜的拒绝失败率是很低的,语音则会相对高一点,这是由生物特征的可识别性来决定的,可识别性越高则该项特征越能唯一表示该生物。接受失败率的大小则与该特征的稳定性相关,在不同的环境下某些的特征可能会出现不可避免的改变或损害,从而提高了接受失败率。我们可以看到,视网膜是生物最为稳定的一项特征。

使用生物鉴别技术一般需要更高的存储容量,相应的费用也高,所以目前这种技术在智能卡中还没有得到广泛的应用。但是随着存储器芯片集成度的不断提高,生物鉴别技术的应用正日益成为智能卡发展的趋势。

当前的单一的生物识别技术各有优缺点,在应用上难免会出现一些问题。所以,在一些安全等级要求较高的应用场景当中,往往会采用两种甚至两种以上的生物识别技术进行验证。随着物联网时代的到来,生物识别将拥有更为广阔的市场前景。

4.3 智能卡与互联网的通信安全与保密

智能卡的通信安全与保密和个人身份鉴别一样,也属于智能卡的逻辑安全范畴。而且通信安全与保密也是智能卡的安全特性中最为重要的一个方面,因为无论一张卡使用的目的是什么,它都必须与别的设备(或者是读写设备,或者是银行主机等)进行通信同时,也由于智能卡自身已具备了存储及计算的能力,完全可以将它看作是一台袖珍型的计算机,因此它也在卡类系统中提供了端到端的安全控制。[25]

一般而言,在通信方面对信息的修改可以有许多不同的方法,主要包括:

(1)对信息内容进行更改、删除、添加;

(2)改变信息的源点或目的点;

(3)改变信息组或项的顺序;

(4)再次利用曾经发送过的或者是存储过的信息;

(5)篡改回执。

从安全的角度考虑,就是要针对以上的这些攻击手段采取适当的技术防范措施,以求达到保证智能卡与外部设备进行信息交换过程的有效性与合法性的目的。具体而言,即是要保证该交换过程的完整性(Integrity)、真实性(authenticity)、有效性(validity)和保密性(privacy)。这里,完整性是指智能卡及系统必须能检测出在它们之间交换的信息是否已经被修改了,无论这种修改是无意的还是蓄意的;有效性是指卡和系统能把真正合法的信息与欺骗信息(这种信息可能是他在以前截听到的一些合法的交易信息)正确区分开,既能保证合法交易的进程,又能防止可能的诈骗行为;真实性是智能卡和系统都必须有一种确证能力,能够确证它们各自所收到的信息是由真实对方发出的信息,而且自己所发出的信息也确实是被真正的对方接收到了;保密性则是指利用密码术对信息进行加密处理,从而防止非授权者窃取所交换的信息。满足这 4 种特性的要求是保证一个信息交换过程安全性的最基本条件,缺一不可。

4.3.1　内容保密

对通信过程中的内容保密又称为对内容的完整性保证,为了保证所交换的信息内容不被非法修改,对之进行鉴别是非常重要的,这种鉴别称为对报文内容的鉴别。一般方法是在所交换的信息报文内加入一个报头或报尾,称其为鉴别码。这个鉴别码是通过对报文进行某种运算而得到的,它与报文的内容密切相关,报文的正确与否可以通过这个鉴别码来检验。鉴别码由报文发送方计算产生,并和报文一起经加密后提供给接收方,接收方在收到报文后,首先对之解密得到明文,然后用约定的算法计算出解密报文(明文)的鉴别码,再与收到报文中的鉴别码相比较,如果相等,则认为报文是正确的;否则就认为该报文在传输过程中已被修改过,接收方可以采取相应的措施,如拒绝接收或者报警等。在鉴别过程中,鉴别算法的设计是至关重要的,最简单的算法是计算累加和,即把所传输报文中的所有位全加起来作为该报文的鉴别码。比较理想的鉴别算法一般是与密码学相联系的。鉴别过程的安全性取决于鉴别算法的密钥管理的安全性。采用密码鉴别的一个例子是 Siev 在 1980 年向 ISO 提出的 DSA(decimal shift and add)鉴别算法。该算法将要鉴别的信息看作是一个十进制数串,然后利用两个秘密的 10 位长的十进制数作为秘钥,对该数串进行相应的运算,产生出鉴别码。下面介绍 DSA 算法的详细过程。

该算法在收发双方同时利用两个 10 位长的任选的十进制数 b_1 和 b_2 作为秘钥,将要鉴别的信息看成是十进制数串,然后分组,10 位为一组。每次运算(加法)取一组,两个运算流并行进行,直到所有信息组运算完为止。

我们用 $R(X)D$ 表示对信息 D 循环右移 X 位,如 $D = 1234567890$,则 $R(3)D = 8901234567$。

用 $S(3)D$ 表示相加之和:$S(3)D = R(3)D + D$。

如在上例中,$S(3)D$ 可由计算得出:

$$
\begin{array}{rl}
R(3) & D = 8901234567 \\
+ & D = 1234567890 \\
\hline
S(3) & D = 0135802457
\end{array}
$$

假设信息 $M = 158349263752835869$,鉴别码的计算过程如下。

首先将信息分成 10 组一位,最后一组不足 10 位时补 0,所以 $m_1 = 1583492637$,$m_2 = 5283586900$。又任选秘钥 b_1 和 b_2,设 $b_1 = 5236179902$,$b_2 = 4893524771$,两运算流同时进行。

运算流 1			运算流 2			
	m_1	1583492637		m_1	1583492637	
+	b_1	5236179902	+	b_2	4893524771	
	p	= 6819672539		Q	= 6477017408	p 移位次数由 b_2 第一位决定
+ R(4)	p	= 2539681967	+ R(5)	Q	= 1740864770	q 移位次数由 b_1 第一位决定
S(4)	p	= 9359354506	S(5)	q	= 8217882178	第一次运算结果
	m_2	= 5283586900		m_2	= 5283586900	
	u	= 4642941406		v	= 3501469078	u 移位次数由 b_2 第二位决定
+ R(8)	u	= 4294140646	+ R(2)	v	= 7835014690	v 移位次数由 b_1 第二位决定
S(8)	u	= 8937082052	S(2)	v	= 1336483758	第二次运算结果

至此,两组信息已运算完毕,得到两个 10 位长的十进制数,再组合一下,最简单的方法是将它们按模 10 加起来。

$$
\begin{array}{rr}
S(8)u & 8937082052 \\
+\quad S(2)v & 1336483768 \\
\hline
& 0273565820
\end{array}
$$

其结果即为鉴别码。

在接收端,将接收到的信息用同样密钥按同样方式处理,计算出鉴别码,如果与收到的鉴别码相等,则表示传送的信息是完整的。

4.3.2 内容安全

内容安全的保证主要是针对内容的有效性和真实性,以及传输过程中的安全性。

信息交换过程的有效性,主要用于防止对曾经发送过的或存储过的信息的再利用。例如,在某次交易过程中的一条真实信息(假设是某人从银行账号内提取了一笔钱款),如果这一消息被一个非法截听者记录了下来,他就有可能一遍遍地重发该消息,如果不能进行报文有效性的验证,那么该人银行账号内的存款将很快就被提光。由此可见,有效性本质上是对报文时间性的鉴别,即它必须能保证所传送的消息每一条都是唯一的,任何随后产生的重复消息都应当被认为是非法的。实现这种报文时间性鉴别的方法有很多种,常用的方法是每条消息在发送时附加一个发送当时的日期和时间;或者可以在所发消息中加入一个记录消息个数的数;还可以在报文中加入一个随机数。总之,实现报文时间性鉴别的方法可以归为两大类:第一种方法是收发方预先约定一个时间变量,然后用它作为初始化向量对所发送的报文加密;第二种方法也是由收发双方预先约定一个时间变量,然后在发送的每份报文中插入该时间变量,从而来保证报文的唯一性。采用这些时间性鉴别的方法,显然还能防止在传送过程中可能发生的对信息组顺序的改变。

至于真实性,指的是对报文发送方和接收方的鉴别,即对话的双方彼此都要对对方的真实性进行验证,这种验证称为"双向鉴别"。智能卡和读写器之间的相互鉴别是消息认证和电子签名的基础,在智能卡技术中占有很重要的地位。双向鉴别的具体内容将在本章最后的智能卡的安全应用中讨论(即在密码技术之后)。

在完成双向鉴别之后,为了保证传输过程中信息的安全性,对每条信息也应该进行报文源的鉴别,否则将无法确定一个具体报文的发送者。例如,某一非法截听者截收了一条由智能卡发往读写设备的报文,过后的某个时候,又把它插入通信线路中,并改向传给智能卡。由此,智能卡将无法正确判断出该报文是否真是由接收设备所发送。为了解决这样的问题,可以在报文中加上发送者的标识号,也可以直接通过报文加密实现。方法如下:在智能卡与接收设备的通信过程中采用两个不同的密钥,智能卡所发送的信息用一个密钥加密,并在接收端用同样的密钥解密还原;而接收端则使用另一密钥加密它所发送的信息,然后再送给智能卡,由智能卡用相同的密钥还原信息。这样,只要双方都能正确还原出对应的信息,就可以证明所接收报文的真实性。

4.4 密码技术

随着互联网的快速发展,通信和存储的保密问题显得越来越重要。密码技术是一门为信息传递的秘密性而生的技术,如今已经上升为密码学学科,为信息和计算机专业的必修课程。

密码技术的基本方式可以概括为利用技术手段把重要的数据变为乱码(加密)传送,到达目的地后再用相同或不同的手段还原(解密)。我们以一个例子来进行说明,为了使得两个在不安全信道中通信的小明和小红,以一种使第三方小王不能明白和理解通信内容的方式进行通信。例子中所使用的不安全信道在实际中也普遍存在,如电话线或计算机网络。小明发送给小红的信息,称为明文(plaintext),如聊天文字、英文单词、数据或符号。小明使用预先商量好的密钥(key)对明文进行加密,加密过的明文称为密文(ciphertext),小明将密文通过信道发送给小红。对于小王来说,他可以窃听到信道中小明发送的密文,但是却无法知道其所对应的明文;而对于接收者小红,由于知道密钥,可以对密文进行解密,从而获得明文。[26]

4.4.1 密码体制

密码体制(cryptosystem)指的是加密和解密时所用的数学变换和实现它的方法。一个密码体制一般由两个基本要素构成:密码算法和密钥。这里,密码算法是一些公式、法则或者程序,一般与现代数学中的某些理论相联系;密钥则可以看作是密码算法中的可变参数。相对来说,密码算法在一个时期内是相对稳定的,变化的只是密钥。而从数学角度来看,改变密钥本质上是改变了明文与密文之间等价的数学函数关系。考虑到密码算法本身很难做到绝对地保密,因此现代密码学总是假定密码算法是公开的,真正需要保密的只是密钥,即一切秘密都蕴藏在密钥之中。所以,现代密码学中密钥管理是极为重要的一个方面。

我们将上述小明和小红通信过程中使用到的密码体制,用一个五元组 (P, C, K, E, D) 来表示。其中 P 表示所有可能的明文组成的有限集,C 表示所有可能的密文组成的有限集,K 代表密钥空间即由所有可能的密钥组成的有限集,E 为加密规则集合,D 为解密规则集合;同时该五元组具备特性,对于每一个 $k \in K$,都存在一个加密规则 $e_k \in E$ 和相应的解密

规则 $d_k \in D$。并且每一对 $e_k : P \to C, d_k : C \to P$，满足条件：对每一个明文 $x \in P$，均有 $d_k(e_k(x)) = x$。该特性保证了如果使用 e_k 对明文 x 进行加密，则可使用响应的 d_k 对密文进行解密，从而得到明文 x。

为使用该密码体制，通信的双方首先随机选择一个秘钥 $k \in K$，这一步必须在安全的环境下进行，不能被第三方窃听者知道。例如，两人可在同体地点协商密钥，或者使用安全信道传输密钥。当通过不安全信道发送消息时，我们可以设消息串为

$$x = x_1 x_2 \cdots x_n$$

其中，n 为正整数，$x_i \in P, i = 1, 2, \cdots, n$。对于每一个 x_i，使用加密规则 e_k 对其进行加密，k 是预先协商好的密钥。小明通过计算 $y_i = e_k(x_i), 1 \leqslant i \leqslant n$，然后将密文串

$$y = y_1 y_2 \cdots y_n$$

通过信道发送给小红。当小红接收到密文串 $y_1 y_2 \cdots y_n$ 时，她使用解密规则 d_k 对其进行解密，就可以得到明文串 $x_1 x_2 \cdots x_n$。这一过程如图 4.4.1 所示。

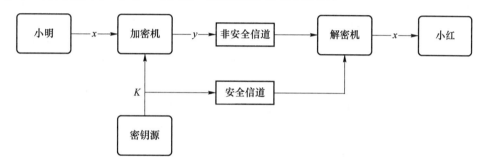

图 4.4.1 通信信道

显然，用来加密的加密函数 e_k 必须是一个单射函数（例如，一对一映射），否则将给解密工具带来麻烦。例如，如果

$$y = e_k(x_1) = e_k(x_2)$$

且 $x_1 \neq x_2$，则小红就无法判断 y 究竟该对应于 x_1 还是 x_2。如果 $P = C$，即明文空间等于密文空间，则具体的加密函数就是一个置换。这就是说，如果明文空间等于密文空间，则每个加密函数仅仅是对明文空间的元素的一个重新排列（置换）。

小王若想窃取上述两人之间的通信信息，在无法得到双方密钥的情况下，就必须从加密的算法和实现上入手进行破译。这一过程也称为密码分析，是指非授权者通过各种方法窃取密文，并通过各种方法推导出密钥，从而读懂密文的操作过程。而用以衡量一个加密系统的不可破译性的尺度称为"保密强度"。一般而言，一个加密系统的保密强度应该与这个系统的应用目的、保密时效要求及当前的破译水平相适应。能够达到理论上不可破译是最好的（非常难），否则也要求能达到实际的不可破译性，即原则上虽然能够破译，但为了由密文得到明文或密钥必须付出十分巨大的计算，而不能在希望的时间内或实际可能的经济条件下求出准确答案。

密码体制的分类很多。例如，可以按照密码算法对明文信息的加密方式，分为序列密码体制和分组密码体制；按照加密过程中是否注入了客观随机因素，分为确定型密码体制和概率密码体制；按照是否能进行可逆的加密变换，分为单向函数密码体制和双向函数密码体制。不过人们常用的是按照密码算法所使用的加密密钥和解密密钥是否相同，能不能由加

密过程推导出解密过程(或者反之,由解密过程推导出加密过程)而将密码体制分为对称密码体制和非对称密码体制。

4.4.2　对称加密

对称密码体制又称为单钥密码体制、对称密钥密码体制、秘密密钥密码体制。在这种密码体制中,加密密钥和解密密钥是相同的,即使二者不同,也能够由其中的一个很容易地推导出另一个。在这种密码体制中,有加密能力就意味着必然有解密能力。一般而言,采用对称密码体制可以达到很高的保密强度,但由于它的加密密钥和解密密钥相同,因此它的密钥必须极为安全地传递和保护,从而使密钥管理成为影响系统安全的关键性因素。

传统的加密方法一般都属于对称密码体制。目前,在智能卡中应用较多的加密技术基本上也是对称密码体制,其中较典型的加密算法是 DES 算法。该算法是一种分组密码算法,分组密码算法的基本设计技巧是 Shannon 所建议的扩散(diffusion)和混乱(confusion)。所谓扩散,就是要将每一位明文的影响尽可能迅速地作用到较多的输出密文位中,以隐蔽明文的统计特性。扩散同时也是指把每一位密钥的影响尽可能地扩散到较多的输出密文位中。扩散的目的是希望密文中的每一位都尽可能地与明文和密钥相关,以防止将密钥分解为若干孤立的小部分,被破译者各个击破。所谓混乱,是指密文和明文之间统计特性的关系应该尽可能地复杂化,要避免出现很有规律的、线性的相关关系。在分组密码算法的设计中,还要考虑的一个问题是如何保证明文与密文的对应关系。因为,如果加密算法设计不当,就有可能会使多个明文状态对应同一密文状态,使解密出现困难。

1973 年 5 月 15 日,美国国家标准局(现在改为美国国家标准技术研究所,即 NIST)在美联邦记录中公开征集密码体制,数据加密标准(DES)由此出现,并一度成为世界上使用最广泛的密码体制。DES 由 IBM 开发,它是早期被称为 Lucifer 体制的改进。DES 在 1975 年 3 月 17 日首次在美联邦记录中公布,在经过大量的公开讨论之后,1977 年 2 月 15 日 DES 被采纳为"非密级"应用的一个标准。最初只希望 DES 作为一个标准能存活 10～15 年。然而,事实上在被采用后,大约每隔 5 年被评估一次 DES 的最后一次评估是在 1999 年 1 月,它的存活年限远远超出最初的预期。在当时,DES 的替代物,一个高级加密标准,已经开始征集了。

4.4.3　DES 算法

1997 年 1 月 15 日的美联邦信息处理标准版 46 中(FIPS PUB46)给出了 DES 的完整描述。DES 是一种特殊类型的迭代密码,称为 Feistel 型密码。在一个 Feistel 型密码中,轮函数是指每次迭代过程中进行计算的函数,轮密钥指的是每次迭代中使用的秘钥,设 K 是一个确定长度的随机二元密钥,用 K 来生成 N_r 个轮密钥(也叫子密钥)$K^1,\cdots,K^{N_r}$,轮密钥的列表$(K^1,\cdots,K^{N_r})$就是密钥编排方案,由 K 经过一个固定的、公开的算法生成。

Feistel 型密码每次迭代的状态 u^i 被分成相同长度的两半 L^i 和 R^i。轮函数 g 具有以下形式:

$$g(L^{i-1},R^{i-1},K^i)=(L^i,R^i),$$

其中,

$$L^i = R^{i-1}$$
$$R^i = L^{i-1} \oplus f(R^{i-1}, K^i)$$

注意到函数 f 并不需要满足任何单射条件,这是因为 Feistel 型轮函数肯定是可逆的,给定轮密钥,就有:

$$L^i = R^i \oplus f(L^i, K^i)$$
$$R^{i-1} = L^i$$

DES 是一个 16 轮的 Feistel 型密码,它的分组长度为 64,用一个 56 bit 的密钥来加密一个 64 bit 的明文串,并获得一个 64 bit 的密文串。在进行 16 轮加密之前,先对明文做个固定的初始置换 IP,记为 $\text{IP}(x) = L^0 R^0$。在 16 轮加密之后,对比特串 $R^{16} L^{16}$ 做逆置换 IP^{-1} 来给出密文 y,即 $y = \text{IP}^{-1}(R^{16} L^{16})$,注意在使用 IP^{-1} 之前,要交换 L^{16} 和 R^{16}。IP 和 IP^{-1} 的使用并没有任何密码学意义,所以在讨论 DES 的安全性时常常忽略掉它们。DES 的一轮加密如图 4.4.2 所示。

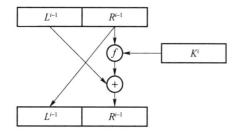

图 4.4.2 一轮 DES 加密

每一个 L^i 和 R^i 都是 32 bit 长,函数 $f:\{0,1\}^{32} \times \{0,1\}^{48} \to \{0,1\}^{32}$ 的输入是一个 32 bit 的串(当前状态的右半部)和轮密钥。密钥编排方案 $(K^1, K^2, \cdots, K^{16})$ 由 16 个 48 bit 的轮密钥组成,这些轮密钥由 56 bit 的种子密钥 K 导出。每一个 K^i 都是通过 K 做置换选择而获得的。

图 4.4.3 给出了函数 f。它主要包含了一个使用 S 盒的代换以及其后跟随的一个固定置换 P。设 f 的第一个自变量是 A,第二个自变量是 J,计算 $f(A, J)$ 的过程如下所述。

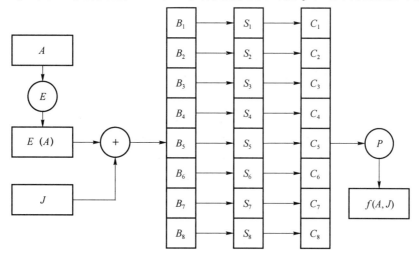

图 4.4.3 DES 的 f 函数

（1）首先根据一个固定的扩展函数 E，将 A 扩展成一个长度为 48 bit 的串。$E(A)$ 包含经过适当置换后的 A 的 32 bit，其中 16 bit 出现两次。

（2）计算 $E(A) \oplus J$，并且将结果写成 8 个 6 bit 串的并联 $B = B_1 B_2, \cdots, B_8$。

（3）使用 8 个 S 盒 $S = S_1 S_2, \cdots, S_8$。每一个 S 盒有：

$$S_i : \{0, 1\}^6 \rightarrow \{0, 1\}^4$$

把 6 bit 映射到 4 bit，一般用一个 4×16 的矩阵来描述，它的元素来自整数 0 到 15。给定一个长度为 6 的比特串 $B_j = b_1, b_2, \cdots, b_6$，计算 $S_j(B_j)$：用 $b_1 b_6$ 两比特决定 S_j 某一行 r（$0 \leqslant r \leqslant 3$）的二进制表示，4 bit $b_2 b_3 b_4 b_5$ 决定 S_j 某一列 c（$0 \leqslant c \leqslant 15$）的二进制表示，则 $S_j(B_j)$ 被定义为写作二进制的 4 bit 串 $S_j(r, c)$，这样对 $1 \leqslant j \leqslant 8$，我们可以计算 $C_j = S_j(B_j)$。

（4）根据置换 P 对 32 bit 的串 $C = C_1 C_2 \cdots C_8$ 做置换，所得结果 $P(C)$ 就是 $f(A, J)$。

表 4.4.1 给出了两个 S 盒的示例，我们来说明应用上述一般表述如何来计算一个 S 盒的输出。考虑 S 盒 S_1，并设其输入为 6 元组 101000，第一个和最后一个比特是 10，它代表整数 2。中间的四个比特是 0100，它代表整数 4。S_1 的标号为 2 的行是其第三行（这是因为行标号为 0，1，2，3）；类似地，标号为 4 的列是第五列。S_1 的标号为行 2、列 4 的项是 13，二进制表示为 1101，因此，1101 就是 S 盒 S_1 在输入为 101000 时的输出。

表 4.4.1 S 盒示例

							S_1								
14	4	13	1	2	15	11	8	3	10	6	12	5	9	0	7
0	15	7	4	14	2	13	1	10	6	12	11	9	5	3	8
4	1	14	8	13	6	2	11	15	12	9	7	3	10	5	0
15	12	8	2	4	9	1	7	5	11	3	14	10	0	6	13
							S_2								
15	1	8	14	6	11	3	4	9	7	2	13	12	0	5	10
3	13	4	7	15	2	8	14	12	0	1	10	6	9	11	5
0	14	7	11	10	4	13	1	5	8	12	6	9	3	2	15
13	8	10	1	3	15	4	2	11	6	7	12	0	5	14	9

DES 的 S 盒当然不是置换，这是因为可能的输入总数（64）超过了可能的输出总数（16）然而可以证明这 8 个 S 盒中的每一个的每一行都是整数 0，1，$\cdots$，15 的一个置换。这一性质正是为了防止某些类型的密码攻击而采取的设计 S 盒的若干准则之一。扩展函数 E 由表 4.4.2 给出。

表 4.4.2 E 比特选择表

32	1	2	3	4	5
4	5	6	7	8	9
8	9	10	11	12	13
12	13	14	15	16	17
16	17	18	19	20	21

续 表

20	21	22	23	24	25
24	25	26	27	28	29
28	29	30	31	32	1

给定一个长为 32 的比特串 $A=(a_1,a_2,\cdots,a_{32})$，$E(A)$ 即为下列的长为 48 的比特串：

$$E(A)=(a_{32},a_1,a_2,a_3,a_4,a_5,a_4,\cdots,a_{31},a_{32},a_1)$$

置换 P 如表 4.4.3 所示。

表 4.4.3 置换 P

16	7	20	21
29	12	28	17
1	15	23	26
5	18	31	10
2	8	24	14
32	27	3	9
19	13	30	6
22	11	4	25

若记比特串为 $C=(c_1,c_2,\cdots,c_{32})$，则置换后输出的比特串 $P(C)$ 如下：

$$P(C)=(c_{16},c_7,c_{20},c_{21},c_{29},\cdots,c_{11},c_4,c_{25})$$

DES 算法的安全性在于攻击者破译的方法除穷举搜索外没有更有效的手段，而 56 位长的密钥的穷举空间是 2^{56}，这意味着如果 1 台计算机的速度是 1 秒钟检测 100 万个密钥，则它搜索完全部密钥就需要近 2 000 年的时间。可见，DES 算法的保密强度还是比较高的。当然，随着科学技术的发展，更高速计算机、分布式计算机和网络的出现，会使 DES 的安全性受到怀疑，某些部门已明确表示不再使用 DES 算法，但目前还没有公认的替代算法出现。因此，DES 算法还是广泛应用于智能卡系统中。例如，在国际和国内流行的金融卡中为了安全起见，主要采用更高长度密钥的 3DES 算法。[27]

除穷尽密钥搜索外，DES 的另外两种最重要的密码攻击是差分密码分析和线性密码分析。对 DES 而言，线性密码分析更有效。线性密码分析的一个实际的实现是由其发明者 Matsui 于 1994 年提出的。这是一个使用 24 对明-密文的已知明文攻击，所有这些明密文对都用同一个未知密钥加密。他用了 40 天来产生这两对明密文，又用了 10 天来找到密钥。这个密码分析并未对 DES 的安全性产生实际影响，由于这个攻击所需要的极端庞大的明密文对数目，在现实世界里一个敌手很难积攒下用同一密钥加密的如此多的明-密文对。

DES 算法中的 S 盒设计曾受到怀疑，有些密码学家担心 S 盒中设有"陷门"，而使设计者能破译 DFS 算法，于是在分析 S 盒的设计和运算上进行了大量工作，不过最终没有找到弱点。目前常见的 DES 算法有 TDES 和 3DES。

TDES 又称 2DES，指的是密钥长度为 16 个字节，是原来单 DES 的两倍。在使用 TDES 对数据进行加密时，需要先把密钥分成长度为 8 个字节的两部分 K_1 和 K_2，明文数据和单 DES 相同分为 $D_1D_2D_3\cdots D_n$。然后对 D_1 进行加密，加密过程为：

(1) 使用 K_1 对 D_1 进行加密得到结果 T_1；

(2) 使用 K_2 对 T_1 进行解密得到结果 T_2；

(3) 使用 K_1 对 T_2 进行加密得到结果 C_1。

其中的加解密过程都是单 DES 算法，只是每次数据加密过程叠加了 3 次单 DES 的加解密算法。

3DES 指的是密钥长度为 24 个字节，是单 DES 的 3 倍。3DES 的加密过程和 TDES 类似，它是把密钥分成 3 部分 $K_1K_2K_3$，加密过程同样是加密解密加密，只是第三次单 DES 加密使用的是 K_3，而 TDES 用的是 K_1。

3DES 适用范围很广，之前章节中所提到身份认证中，对于 PIN 的加密便是采用的 3DES 算法，其他如常见的 STL/SSL 以及 HTTPS 协议中都能够使用 3DES 作为加密传输。在对图片有高度保密需求的情况下，通常会先使用 Base64 对图像进行转码，再采用 3DES 加密的手段。同时在网络控制系统、安全存储、保密网络通信等场景下，3DES 也发挥着其重要作用。

4.4.4 非对称加密

非对称加密又称为公钥密码体制。对于对称加密而言，通信双方秘密地选择密钥 K，根据 K 可得到一条加密规则 e_k 和一条解密规则 d_k。d_k 可能与 e_k 相同，或者可以从 e_k 容易地导出（例如，DES 解密等同于加密，只是密钥方案是相反的）。由于 e_k 或者 d_k 的泄露会导致系统的不安全性。但对于非对称加密而言，给定的 e_k 来求 d_k 是计算上不可行的，我们可以把加密规则 e_k 作为一个公钥，可以在任何地方公布（这也就是公钥体制名称的由来）。我们把 d_k 作为私钥，此时任何人可以利用公钥加密规则 e_k 发出一条加密的消息给解密规则 d_k 的持有者，而他将唯一能够利用解密规则对密文进行解密。

与对称加密相比，非对称加密具备如下优点：

(1) 密钥分发简单。由于加密和解密密钥不同，而且不能从加密密钥推导出解密密钥，因而加密密钥表可以像电话号码本一样分发。

(2) 秘密保存的密钥量减少。每张智能卡只需秘密保存自己的解密密钥。

(3) 公钥的出现使得非对称密码体制可以适应开放性的使用环境。

(4) 可以实现数字签名。

所谓数字签名，主要是为了保证接收方能够对公正的第三方（仲裁方）证明其收到的报文的真实性和发送源的真实性而采取的一种安全措施。它的使用可以保证收发方不能根据自己的利益来否认或伪造报文。

但是，目前非对称密码体制也存在一些问题需要解决。这里最为重要的一点是它的保密强度目前还远远达不到对称密码体制的水平。由于非对称密码体制不仅算法是公开的，而且公开了加密密钥，从而就提供了更多的信息可以对算法进行攻击。此外，至今为止，所发明的非对称密码算法都是很容易用数学公式来描述的，因此它们的保密强度总是建立在对某一个特定数学问题求解的困难性上。然而，随着数学的发展，许多现在看起来难以解决的数学问题可能在不久的将来会得到解决。而诸如 DES 之类的对称密码算法甚至难以表示成一个确定的数学形式，其保密强度因此相应地要高，这也是非对称密码体制目前的一个不足之处。另外，非对称密码体制的计算时间长，这也影响它的推广使用。尽管如此，由于非对称密码体制的优点还是很明显的,而且在某些特殊的场合也不得不使用非对称密码体制,因此对非对称密码体制的研究一直在进行中,其中最为著名的一个例子就是 RSA 算法。

RSA 算法是由 Rivest、Shamir 和 Adleman 三个人提出来的,从提出到现在已经经受了各种攻击的考验,被认为是目前最优秀的非对称密码方案之一,国外也已经研制出了多种 RSA 专用芯片。下面对 RSA 算法本身加以简单介绍。RSA 算法也是一种分组密码算法,它以数论为基础,其安全性是建立在大整数的素数因子分解的困难性上的,后者在数学上至今还没有一种有效的算法。下面简要介绍一下 RSA 算法的实现。

首先任意选取 p、q 两个大素数,其乘积 $n=p \cdot q$,此时可以得到 Euler 函数 $\phi(n)=(p-1)(q-1)$。设 Z_n 为集合 $\{0,1,\cdots,n-1\}$,令 $P=C=Z_n$,且定义

$$K=\{(n,p,q,a,b):ab\equiv 1(\bmod \phi(n))\}$$

对于 $k=(n,p,q,a,b)$,定义

$$e_k(x)=x^b \bmod n$$
$$d_k(y)=y^a \bmod n$$

其中,$x,y \in Z_n$,值 n 和 b 组成了公钥,且值 p、q 和 a 组成了私钥。

由于 $ab \equiv 1(\bmod \phi(n))$ 可以得到

$$ab=t\phi(n)+1$$

则对于某个整数 $t \geqslant 1$,设 Z_n^* 为模 n 的余数与 n 互素的全体,假定 $x \in Z_n^*$,那么就有

$$(x^b)^a = x^{\phi(n)+1}(\bmod n) \equiv (x^{\phi(n)})^t(\bmod n) \equiv 1^t x(\bmod n) \equiv x(\bmod n)$$

由此证明加密和解密互为逆运算。

我们举个例子来说明这个算法:

假定消息接收者小明选取 $p=101,q=113$,那么可以得到:

$$n=p \times q=11\,413, \quad \phi(n)=100 \times 112=11\,200$$

由于 $11\,200=2^6 \times 5^2 \times 7$,一个整数 b 可以选为加密指数当且仅当 b 不能被 $2,5$ 或 7 整除。我们假定小明选取 $b=3\,533$,可得

$$b^{-1} \bmod 11\,200=6\,597$$

因此,消息接收者的秘密解密指数为 $a=6\,597$

之后接收者小明在一个目录中发布 $n=11\,413,b=3\,533$。现在消息发送者小红想将明文 $9\,726$ 加密后发送给小明。此时小红将计算

$$9\,726^{3\,533} \bmod 11\,413=5\,761$$

然后把密文 $5\,761$ 通过信道发出。当小明收到后,他将用秘密解密指数来计算

$$5\,761^{6\,597} \bmod 11\,413=9\,726$$

由此,通信完成。RSA 密码体制的安全性是基于相信加密函数 $e_k(x)=x^b \bmod n$ 是一个单向函数这一事件,所以,对于窃听者小刚来说试图解密密文将是计算上不可行的。我们可以看到,小刚如果找到分解 $n=pq$ 的办法,他将可以计算 $\phi(n)=(p-1)(q-1)$,然后用扩展 Euclidean 算法来计算解密指数 a。

4.4.5 智能卡中的密码学应用

目前看来,把 RSA 算法应用在智能卡技术中还有很多困难,由于受到卡内芯片尺寸的

限制,智能卡微处理器的计算能力还不强,如果用程序实现 RSA 算法,将使智能卡的响应时间慢得无法忍受。因此,通常在卡内设置有适合于加密/解密运算的协处理器。当然,随着 IC 技术的进步,在智能卡技术中采用非对称密码体制是一种不可避免的趋势。[28]

对于对称密码体制来说,密钥使用了一段时间以后就需要更换,加密方需通过某种秘密渠道把新密钥传送给解密方。在传递过程中,密钥容易泄露。而非对称密钥体制,由于加密密钥与解密密钥不同,且不能用加密密钥推出解密密钥,从而使加密密钥可以公开传递。

由于对称密码体制的加密密钥和解密密钥是相同的,在智能卡中采用 DES 算法,当信息的收发方对信息内容及发送源点产生争执时,DES 算法就显得无能为力了。典型的例子是发送方可能是不诚实的,由于他发送的信息可能对他不利而抵赖,接收方又无法证明该消息确实是由发送方发过来的。在这一争执中,作为仲裁的第三方也无法区分哪种情况是真实的,造成这种情况的原因在于双方都拥有同样的加密算法和密钥,而使用非对称密码体制可以消除这种争执。

这种情况在大型分布式系统和云网络环境下尤为可见,因此在有云技术作为支撑的应用中,我们绝大多数都将使用非对称加密技术,或者是由非对称加密支撑作为连接支撑的混合加密技术。如目前最常见的 HTTPS 协议,便是使用非对称加密的 CA 真是体系建立可靠的连接,之后采用 DES 加密来保证通信的安全。

云技术是指在广域网或局域网内将硬件、软件、网络等系列资源统一起来,实现数据的计算、储存、处理和共享的一种托管技术。目前也出现了不少云技术支持的智能卡应用,不过由于云环境下对安全的要求较高,所处的环境较为敏感,因此采用的加密技术根据不同应用对效率和安全性的需求有各种各样的改进版。

如在多云环境下,最为简便的是利用 XOR(异或)同态函数和散列函数生成认证信息,在保证效率的同时,具有很高的保密性。散列函数的输入长度是变长,但其输出长度是固定的,函数的输出值被称为散列值,其实现机理和非对称加密中的密码学运算十分相似,可以将输入值映射为一个不可逆的具有唯一性的数据串。

XOR 加密是一种简单高效的对称加密算法,其原理是对任意的两串二进制数做异或,得到的结果,再与其中任意一串二进制数做异或,得到另一串二进制数,则为密文。

即 $a^\wedge b=c$,则 $b^\wedge c=a$(a,b,c 分别表示一串二进制数)。

那么,若 a 是想要加密的信息,则有一密钥 b,对 a 和 b 做异或,得到的 c 就是加密后的信息,可进行传输。得到 c 后,只需要再 与 b 做异或,即可得到原信息 a。

而对安全需求较高时,则会采用基于 IBE(基于身份的加密)和 IBS(基于身份的签名)的,盲签名和双线性对的方法的一个联合身份认证方案。该方案与传统方案相比,实现了用户匿名性、防止追踪以及隐私保护,在安全性和效率上都有很大的优势。

还有一些更为先进的多云认证方案,如基于扩展混沌映射(一种密码学概念)的生物特征识别。这些方案被证明在持卡人智能卡丢失和认证服务器被模仿的情况下依然能够有效地保证用户的安全和匿名性。

近些年基于零知识证明的区块链认证也在飞速发展,并在物联网和便携设备的应用上有了一定的突破;基于区块链的方案大规模运用了非对称加密和数字签名技术,并将其特性发挥到了极致,带来了新一轮加密技术发展的浪潮。目前市面上的方案虽然在理论上有较高的可行性,但由于区块链本身的分布式和共识机制限制,其实现和实际应用往往不尽人意,我们期待未来能看到区块链与智能卡相结合的产品。

当前的智能卡中,由于对卡中数据的加密/解密算法的安全性要高,加密/解密速度要快(因为读写卡中信息均需要进行解密/加密操作),大部分实现简单功能的 IC 厂商(如临时停车卡)都选用了对称加密算法,加密方式大多为多重 DES。采用多重 DES 是因为普通 DES 算法的安全性不是很高,究其原因还得归结到其密钥位上,刨去 8 位校验位,剩下的 56 位密钥实在太短,以现在普通机器运行的速度,使用穷举法很快就可以破译。所谓多重 DES 是通过多个密钥来进行重复的加密运算,其目的是增加密钥量,最常用的是 3DES。关于三重 DES 加密有四种不同的模式,如下:

(1) DES-EEE3 模式。使用三个不同密钥(k_1,k_2,k_3),采用三次加密算法。

(2) DES-EDE3 模式。使用三个不同密钥(k_1,k_2,k_3),采用加密-解密-加密算法。

(3) DES-EEE2 模式。使用两个不同密钥$(k_1=k_3,k_2)$,采用三次加密算法。

(4) DES-EDE2 模式。使用两个不同密钥$(k_1=k_3,k_2)$,采用加密-解密-加密算法。

从使用模式来看,前两种的总密钥长度均为 168 位,后两种的总密钥长度为 112 位。站在攻击者的角度来看,前者攻击的复杂度从 $O(2^{56})$ 增加到 $O(2^{168})$,后两个的攻击复杂度从 $O(2^{56})$ 增加到 $O(2^{112})$,这样就有效地克服了 DES 面临的穷举法攻击,也增强了抗差分分析和线性分析的能力。

然而在一些对信息敏感、信息量较大但对读写速度没有太大要求的应用场景,一般会选用非对称加密,如身份证和部分金融支付卡都使用的是 RSA 加密。国密算法,即国家密码局认定的国产密码算法中也规定了一些非对称加密算法。国密算法主要有 SM1、SM2、SM3、SM4,密钥长度和分组长度均为 128 位。

SM1 为对称加密。其加密强度与 AES 相当。该算法不公开,调用该算法时,需要通过加密芯片的接口进行调用。

SM2 为非对称加密,基于 ECC(elliptic curves cryptography)椭圆曲线加密,该算法已公开。由于该算法基于 ECC,故其签名速度与密钥生成速度都快于 RSA。ECC 256 位(SM2 采用的就是 ECC 256 位的一种)安全强度比 RSA 2048 位高,但运算速度快于 RSA。

SM3 消息摘要算法,可以用 MD5 作为对比理解。该算法已公开。校验结果为 256 位。

SM4 无线局域网标准的分组数据算法、对称加密、密钥长度和分组长度均为 128 位。

由于 SM1、SM4 加解密的分组大小为 128 bit,故对消息进行加解密时,若消息长度过长,需要进行分组,要消息长度不足,则要进行填充。

4.5　智能卡的安全使用

网络通信常用
加密算法研究

在智能卡的生命周期中,可能会受到各种各样的攻击,它们中间有些是无意识的行为,例如在交易过程中可能出现的一些误操作;有些则是蓄意的行为,例如使用非法卡作弊、截取并篡改交易过程中所交换的信息等行为。根据各种攻击所采用的手段和攻击对象的不同,一般可以把它们归纳为以下三种方式:

(1) 使用伪造的智能卡,以期进入某一系统。例如,像制造伪钞那样直接制造伪卡;对智能卡的个人化过程进行攻击;在交易过程中替换智能卡,等等。所谓个人化进程,是指 IC

卡发给个人时,由发行商向卡内写入发行商代码、用户密码以及金额等的过程。个人化后将卡交给持卡人使用。

(2) 冒用他人遗失的,或是使用盗窃所得的智能卡,以图冒充别的合法用户进入系统,对系统进行实质上未经授权的访问。这类行为还包括私自拆卸、改装智能卡的读写设备。

(3) 主动攻击方式。直接对智能卡与外部通信时所交换的信息流(包括数据和控制信息)进行截听、修改等非法攻击,以谋取非法利益或破坏系统。

对应于这三种形式的犯罪行为,我们将从相应的三个方面对智能卡的安全进行讨论。这三个方面是:智能卡的物理安全、个人身份鉴别以及智能卡的通信安全和保密。个人身份鉴别和通信过程中的安全在前几节已经进行了讨论,数据的安全性则主要由加密算法来保障。接下来将主要介绍物理安全和读写器鉴别。

4.5.1 物理安全

智能卡的物理安全实际上包括两个方面的内容:一是智能卡本身物理特性上的安全保证;二是指能够防止对智能卡外来的物理攻击,即制造时的安全性。智能卡本身的物理特性必须做到能够保证智能卡的正常使用寿命。因此,在设计制造智能卡时,应该确保其物理封装的坚固耐用性,并且必须做到能够承受相应的应力作用而不致损坏;能够承受一定程度的化学、电气和静电损害。另外,智能卡的电触点(如有的话)也必须有保护措施,使之不受污染物的影响。一般而言,在这一方面的安全性要求与智能卡的具体设计方案和制造时的材料选择有关。

对智能卡的物理攻击则包括制造伪卡、直接分析智能卡存储器中的内容、截听智能卡中的数据以及非法进行智能卡的个人化等手段。为了保证智能卡在这一方面的安全,一般应该采取如下的一些措施:

(1) 在智能卡的制造过程中使用特定的复杂而昂贵的生产设备,同时制造人员还需要具备各种专业知识或技能,以增加直接伪造的难度,甚至使之不能实现。

(2) 对智能卡在制造和发行过程中所使用的一切参数都严格保密。

(3) 增强智能卡在包装上的完整性。这主要包括给存储器加上若干保护层(如设定访问条件),把处理器和存储器做在智能卡内部的芯片上,选用一定的特殊材料(如对电子显微镜的电子束敏感的材料)。防止非法对存储器内容进行直接分析。

(4) 在智能卡的内部安装监控程序,以防止对处理器/存储器数据总线及地址总线的截听。而且,设置监控程序也可以防止对智能卡进行非授权的个人化。

(5) 对智能卡的制造和发行的整个工序加以分析,以确保没有人能够完整地掌握智能卡的制造和发行过程,从而在一定程度上防止可能发生的内部职员的犯罪。

4.5.2 读写器鉴别

IC 卡鉴别读写器的真伪。先由读写器向智能卡发一取口令(产生随机数)命令卡产生一个随机数,然后由读写器对随机数加密成密文,密钥是预先存放在读写器和 IC 卡中,密钥的层次按需要而定。读写器将密文与外部鉴别命令送至 IC 卡,卡执行命令时将密文解密成明文,并将明文和原随机数比较,如相同,卡承认读写器是真的,否则卡认为读写器是伪造的。其原因简述如下。如果采用 DES 算法进行加密/解密运算,那么存放在智能卡和读写器中的密钥是相同的,而且是保密的,是不让第三方知道的。如果先进行加密、再进行解密后的结果与加密前的数据相同,说明读写器内的密钥是正确的,读写器也是真的(伪造的读写器无法取得正确的密钥),这再一次说明了密钥要严格保密。以下是一些在日常环境下的身份鉴别和安全保护例子:

(1)克隆银行卡:不法分子利用消费服务中帮卡主刷 POS 机的时机,获取银行卡密码。并趁卡主不注意将银行卡插入高抗磁卡读写机读取信息,克隆银行卡取现。

(2)安装读卡器或摄录机:不法分子在 ATM 机或 POS 机上安装读卡器或摄录机,窃取持卡人账号、密码等信息,然后伪造或复制银行卡,窃取资金。[29]

因此,对上述两种情况来说我们需要安全系数更高的读写器,来保证克隆银行卡是不会被识别且授权进行用户操作的,或者是采用基于生物特征等不法分子无法盗取秘钥的安全鉴别技术。但除了在技术上智能卡帮助我们做安全鉴别外,对于我们持有者来说也要具备相应的安全意识:

(1)不要随便登入陌生网站;

(2)不要轻易打开陌生号码发来的链接,更不要回复;

(3)刷卡输入密码时用手遮住;

(4)不将银行卡密码告知他人或写在纸上,也不要轻易将银行卡外借;

(5)发现密码有可能被窃,要尽快更改密码。

印度新德里智能卡
技术及应用展览会
SmartCards Expo

课 后 习 题

4.1 请列举智能卡可能会遭受的攻击方式,实现这些攻击方式通常有哪些手段。

4.2 除 PIN 密码验证外,还有哪些安全认证方案?

4.3 常密码体制有哪些? 它们有什么特点?

4.4 什么是密码技术? 替换加密法与置换加密法有什么区别? 请分别举例说明替换加密法与置换加密法。

4.5 什么是 DES 算法? 简述它的加密过程。

4.6 RAS 算法是如何实现的,有什么关键点。

4.7 假设 A 是发送方,B 是接收方,他们希望进行安全的通信,请用对称与非对称密钥加密体制给出一个有效的安全方案。

4.8 简述智能卡可能会受到的物理安全威胁,以及如何防治?

第 **5** 章 智能卡的操作系统

随着智能卡以及 RFID 技术的不断发展,智能卡越来越多地嵌入了微处理器。含有微处理器的智能卡可以更灵活地支持不同的应用需求,并提高了系统的安全性。含有微处理器的智能卡拥有独立的 CPU 处理器和芯片操作系统。

中央处理器是指计算机内部对数据进行处理并对处理过程进行控制的部件。随着大规模集成电路技术的迅速发展,芯片集成密度越来越高,CPU 可以集成在一个半导体芯片上,这种具有中央处理器功能的大规模集成电路器件,统称为"微处理器"。微处理器不仅是微型计算机的核心部件,也是各种数字化智能设备的关键部件。如今微处理器已经无处不在,无论是智能洗衣机、移动电话等家电产品,还是汽车引擎、数控机床等工业产品,都要嵌入各类不同的微处理器。

为了对智能卡中的微处理器进行控制,读写数据和处理数据,同时还要进行一些逻辑上的判断和授权等操作,我们将引入一个最小化的操作系统,即 COS 系统。

COS 的全称是 chip operating system(片内操作系统),一般来讲它是紧紧围绕着其所服务的智能卡的特点而开发的。由于其本身不可避免地受到了智能卡内微处理器芯片的性能及内存容量的影响,因此,智能卡操作系统在很大程度上不同于通常所能见到的微机上的操作系统(如 DOS、Linux、UNIX 等)。首先,COS 是一个专用系统而不是通用系统,一种 COS 一般都是根据某种智能卡的特点及其应用范围而专门设计开发的,只能应用于特定的某种(或者是某一类)智能卡,因此不同卡内的 COS 一般是不相同的,不过在实际应用中不同 COS 在所完成的功能上大部分都遵循着同一个国际标准。与微机上常见的操作系统相比,COS 在本质上更加接近于监控程序,而且不是一个真正意义上的操作系统;COS 所需要解决的主要还是对外部的命令如何进行处理、响应的问题,这其中一般并不涉及共享、并发的管理及处理,就智能卡在目前的应用情况而言,并发和共享的工作也确实是不需要的。

COS 的主要功能是控制智能卡和外界的信息交换,管理智能卡内的存储器并在卡内部完成各种命令的处理。其中,与外界进行信息交换是 COS 最基本的要求。在交换过程中,COS 所遵循的信息交换协议目前包括两类:异步字符传输的 $T=0$ 协议以及异步分组传输的 $T=1$ 协议。这两种信息交换的电信号和传输协议的具体内容及实现机制在 ISO/IEC 7816-3 中已做了规定;COS 所应完成的管理和控制的基本功能则是在 ISO/IEC 78164 标准中做出规定的,在该国际标准中,还对智能卡的数据结构以及 COS 的基本命令集做出了较为详细的说明。

COS 在设计时一般都是紧密结合智能卡内存储器分区的情况,按照 ISO/IEC 7816 系列标准中所规定的一些功能进行设计、开发。但是由于目前智能卡的发展速度很快,而国际标准的制定周期相对比较长,因而造成了当前的智能卡国际标准还不太完善。据此,许多厂家又各自都对自己开发的 COS 进行一些扩充。就目前而言,还没有任何一家公司的 COS 产品能形成一种工业标准。因此,本章将主要结合现有的国际标准,重点讲述 COS 的基本原理及基本功能,同时对 ISO 7816 中的内容进行分析。

5.1 COS 系统的处理过程

智能卡操作系统的程序代码结构

读写器向智能卡发送的命令,经智能卡的天线进入射频模块,信号在射频模块中处理后,被传送到操作系统中。操作系统程序模块是以代码的形式写入 ROM 的,并在芯片生产阶段写入芯片之中。操作系统的任务是对电子标签进行数据传输,完成命令序列的控制、文件管理及加密算法。

在这里需要注意的是,智能卡中的"文件"概念与我们通常所说的"文件"是有区别的。智能卡中的文件不存在通常所谓的文件共享的情况。而且,这种文件不仅在逻辑上必须是完整的,在物理组织上也都是连续的。此外,智能卡中的文件尽管也可以拥有文件名(file name),但对文件的标识主要依靠的是与卡中文件一一对应的文件标识符(file identifier)。

操作系统命令的处理过程如图 5.1.1 所示。[30]

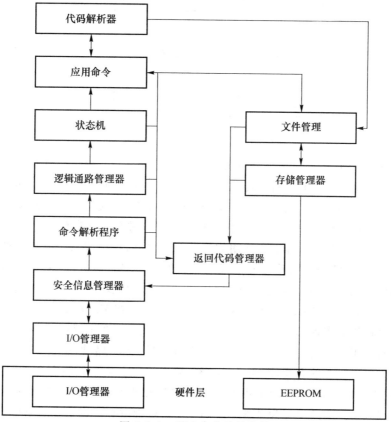

图 5.1.1　COS 命令处理流程

（1）I/O 管理器。I/O 管理器对错误进行识别，并加以校正。

（2）安全信息管理器。安全信息管理器接收无差错的命令，经解密后检查其完整性。

（3）命令解释程序。命令解释程序尝试对命令译码，如果不可能译码，则调用返回代码管理器。

（4）返回代码管理器。返回代码管理器产生相应的返回代码，并经 I/O 管理器送回读写器。之后，读写器会将信息重发给智能卡。

综合来讲，如果操作系统收到了一个有效命令，则执行与此命令相关的程序代码。

如果需要访问 EEPROM 中的应用数据，则由"文件管理"和"存储器管理"来执行。这时需要将所有符合的地址转换成存储区的物理地址，即可完成对 EEPROM 应用数据的访问。

综上所述，所有的 COS 都必须能够解决至少三个问题，即文件操作、鉴别与验证、安全机制。事实上，鉴别与验证和安全机制都属于智能卡的安全体系范畴，所以，智能卡的 COS 中最重要的两个方面就是文件与安全。我们可以把从读写器（即接口设备）发出命令到卡给出响应的一个流程简化为 4 个部分：传输模块、安全模块、应用模块和文件模块，如图 5.1.2 所示。

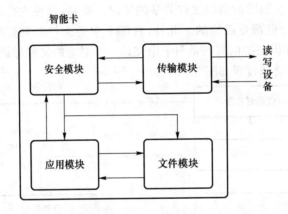

图 5.1.2　COS 命令处理简化流程

其中，传输模块用于检查信息是否被正确地传送。这一部分主要和智能卡所采用的通信协议有关。安全模块主要是对所传送的信息进行安全性的检查或处理，防止非法的窃听或侵入。应用模块则用于判断所接收的命令执行的可能性；文件模块通过验证命令的操作权限，最终完成对命令的处理。下面我们对这 4 个部分进行详细解释。

传输模块主要是依据智能卡所使用的信息传输协议，对由读写设备发出的命令进行接收。同时，把对命令的响应按照传输协议的格式发送出去。而且，所采用的通信协议越复杂，这一部分实现起来也就越复杂。我们在前面提到过目前智能卡采用的信息传输协议一般是 $T=0$ 协议和 $T=1$ 协议，如果说这两类协议的 COS 在实现功能上有什么不同的话，主要就是在传输模块的实现上有不同。不过，无论是采用 $T=0$ 协议还是 $T=1$ 协议，智能卡在信息交换时使用的都是异步通信模式。而且由于智能卡的数据端口只有一个，因此信息交换也只能采用半双工的方式，即在任意时刻，数据端口上最多只能有一方（智能卡或者读写设备）在发送数据。$T=0$、$T=1$ 协议的不同之处在于它们数据传输的单位和格式不一样：$T=0$ 协议以单字节的字符为基本单位，$T=1$ 协议则以有一定长度的数据分组为传输的基本单位。

传输模块在对命令进行接收的同时,也要对命令接收的正确性做出判断。这种判断只是针对在传输过程中可能产生的错误而言的,并不涉及命令的具体内容,因此通常是利用诸如奇偶校验位、校验和等手段来实现。对分组传输协议,则还可以通过判断分组长度的正确与否来实现。当发现命令接收有错后,不同的信息交换协议可能会有不同的处理方法:有的协议是立刻向读写设备报告,并且请求重发;有的协议则只是简单地做标记,本身不进行处理,留待它后面的功能模块做出反应。这些都是由交换协议本身所规定的。

如果传输模块认为对命令的接收是正确的,那么,它将接收到的命令的信息部分传到下一功能模块,即安全模块,而滤掉诸如起始位、停止位之类的附加信息。相应地,当传输模块器在向读写设备发送响应时,则应该对每个传送单位加上信息交换协议中所规定的各种必要的附加信息。

应用模块的主要任务在于对智能卡接收的命令的可执行性进行判断。关于如何判断一条命令的可执行性,已经在安全体系一节中做了说明,所以,我们可以认为,应用模块的实现主要是智能卡中的应用软件的安全机制的实现问题。智能卡的各个应用都以文件的形式存在,所以应用模块的本质就是文件访问的安全控制问题,因此也可以把应用模块看作是文件模块的一个部分。

5.2 COS 的文件系统

文件是 COS 中的一个极为重要的概念。所谓文件,是指关于卡内数据单元和/或记录的有组织的集合。COS 通过给每种应用建立一个对应文件的方法来实现它对各个应用的存储及管理。因此,COS 的应用文件中存储的都是与应用程序有关的各种数据或记录。

COS 的文件按照其所处的逻辑层次可以分为两类:主文件(master file,MF)、专用文件(dedicated file,DF)以及基本文件(elemental file,EF)。

在 ISO 7816 标准中支持两类文件:专用文件(DF)与基本文件(EF)。

智能卡中数据的逻辑组织结构由两种专用文件的结构层次组成:

- 根专用文件被称为主文件(MF),这个文件是必须存在的。
- 其他专用文件(DF),这些专用文件是可有可无的,是用户进行维护和管理的文件。

智能卡数据结构中的基本文件(EF)也有两种不同的类型:

- 内部基本文件(EF),这种文件主要用来存储可以被智能卡解释的数据,例如,为了达到管理与控制的目的,被智能卡分析与使用的数据。
- 工作基本文件(EF),这种文件主要用来存储不能被智能卡解释的数据,例如,被外界独享使用的数据。

可以用图 5.2.1 所示的树状结构来形象地描述一个 COS 的文件系统的基本结构。

当然,对于具体的某个 COS 产品,很可能由于应用的不同,对文件的实际分层方法会有所不同。但只要仔细地进行分析,都可以归结为上面的三个逻辑层次。产品对文件的分类不是按照逻辑层次划分的,而是根据文件的用途划分的。它的文件分为三类:COS 文件(COS file)、密钥文件(key file)和钱夹文件(purses file)。其中,COS 文件保存有基本的应用数据;密钥文件存储的是进行数据加密时要用到的密钥;钱夹文件的作用类似于我们日常生活中的钱包。由此可见,它的这三类文件本质上其实都属于基本文件类。在一些正式的COS产品中,专用文件的概念不是很明显,但事实上,存储器分区中FAT(file allocation table)区内的文件描述器的作用就类似于专用文件。

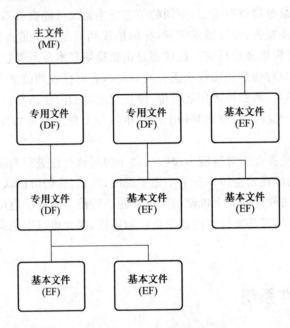

图 5.2.1　COS 文件系统基本结构

COS文件有4种逻辑结构:透明结构、线性定长结构、线性变长结构和定长循环结构。不过,无论采取的是什么样的逻辑结构,COS中的文件在智能卡的存储器中都是物理上连续存放的。卡中数据存取采用随机存取方式,也就是卡的用户在得到授权后,可以直接任意访问文件中的某个数据单元或记录。

无论是卡、文件或其他对象,都可以有生命周期,ISO/IEC 7816 定义了 4 种基本生命周期状态,即创建状态、初始状态、操作状态(激活和停活)和终止状态。表 5.2.1 是 ISO/IEC 7816 定义的生命周期状态(life cycle status,LCS)字节。

表 5.2.1　生命周期状态字节

b_8	b_7	b_6	b_5	b_4	b_3	b_2	b_1	含　义
0	0	0	0	0	0	0	0	无信息
0	0	0	0	0	0	0	1	创建状态
0	0	0	0	0	0	1	1	初始状态
0	0	0	0	0	1	x	1	操作状态(激活)
0	0	0	0	0	1	x	0	操作状态(停活)
0	0	0	0	1	1	x	x	终止
>0				x	x	x	x	专用命令

基本生命周期状态之间的转变是不可逆的,并且只能是从创建到终止。另外,应用可以定义生命周期子状态,基本状态都可以有可逆子状态。可以通过执行命令来设置生命周期状态的值,图 5.2.2 展示了文件生命周期状态转换图,只有满足命令的安全属性时命令才能被执行。

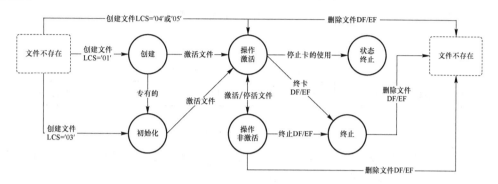

图 5.2.2　COS 文件的生命周期

5.3　文件的安全访问

智能卡操作系统
—COS 概述

对文件访问的安全性控制是 COS 系统中的一个十分重要的部分,在这里准备介绍比较有代表性的两种实现方式:鉴别寄存器方式以及状态机方式采用鉴别寄存器方式时,通常是在 RAM 中设置一个 8 位(或者是 16 位)长的区域作为鉴别寄存器。这里的鉴别是指对安全控制密码的鉴别。鉴别寄存器反映的是智能卡在当前所处的安全状态。采用这种方式时,智能卡的每个文件的文件头(或者是文件描述器)中通常都存储有该文件能够被访问的条件,一般是包括读、写两个条件(分别用 Cr、Cu 表示),这就构成了该文件的安全属性。而用户通过向智能卡输入安全密码,就可以改变卡的安全状态,这一过程通常称为出示,这就是鉴别寄存器方式的安全机制。把以上三个方面结合起来,就能够对卡中文件的读写权限加以控制了。

与鉴别寄存器方式不一样,状态机方式更加明显地表示出了安全状态、安全属性和安全机制的概念以及它们之间的关系。以 STARCOS 为例,它采用的是一种确定状态机的机制,该机制通过系统内的应用控制文件(application control file,ACF)而得以实现。ACF 文件是一个线性变长结构的文件,如图 5.3.1 所示的记录 01,其头包括了该 ACF 所控制的应用可以允许的所有命令的指令码(INS),剩下的记录内容分别与这些 INS 指令码对应,其中

记录01	LEN	INS1	INS2	…	扩展
记录02	变体1		变体2	变体3	
记录03	变体1	变体2		变体3	变体4
记录04	变体1	变体2		变体3	

图 5.3.1　ACF 应用控制文件

存储的都是对应命令的变体(varient)记录如图 5.3.2 所示。所谓"变体记录",指的是这样的一些记录,记录中存储的是控制信息、初始状态、可能的下一状态以及可选的指令信息的组合。利用 ACF 中的这些变体记录就可以形成状态转移图。在变体记录中,控制信息部分是必不可少的。不同的变体记录主要在两个方面有区别:一是命令所允许的状态不同;二是以 CLA 字节(将在下一节介绍)开始的指令信息部分不相同,这主要是由命令要操作的应用对象决定的。[31]

图 5.3.2　变体记录结构

COS 系统可以利用 ACF 实现对文件访问的安全控制。当系统接收到一个应用进行操作的一条命令后,首先检验其指令码是否在相应的 ACF 文件的记录 01 中。如果不在其中,系统就认为该命令是错误的。在找到了对应的指令码后,系统把命令的其余部分与该命令对应的各变体记录中的指令信息按照该变体记录的控制信息的要求进行比较,如果比较结果一致,那么再查验变体记录中的初始状态信息。若所有这些检测都顺利通过,那么系统就进入对应变体记录中指明的下一状态;否则,继续查找下一个变体记录直到发现相应变体或是查完该命令对应的所有变体记录为止。如果没有找到相应的变体记录,说明该命令是非法的;否则就进入下一步对命令的处理,即由 COS 调用实际的处理过程执行对命令的处理。当且仅当处理过程正常结束的时候,系统才进入一个新的状态,并开始等待对下一条命令的接收。

5.4　安全体系

智能卡的安全体系是 COS 中一个极为重要的部分,它涉及卡的鉴别与验证方式的选择,包括 COS 在对卡中文件进行访问时的权限控制机制,还关系到卡中信息的保密机制。可以认为,智能卡之所以能够迅速地发展并且流行起来,其中的一个重要原因就在于它能够通过 COS 的安全体系给用户提供一个较高的安全性保证。[32]

安全体系在概念上包括三大部分:安全状态(security status)、安全属性(security attributes)以及安全机制(security machanisms)。其中,安全状态是指智能卡在当前所处的一种状态,这种状态是在智能卡进行完复位应答或者是在它处理完某命令之后得到的。以下列举了常见的 4 种安全状态:

(1) 全局安全状态。可以通过完成与 MF 相关的鉴别规程进行修改(例如,附属于 MF 的 Password 或密钥的实体鉴别)。

(2) 应用特定安全状态。可以通过完成与应用相关的鉴别规程进行修改(例如,附属于特定应用的 Password 或密钥的实体鉴别)。它可以通过应用选择进行维护、恢复或被丢弃。这种修改只与鉴别规程所属的应用相关。如果使用了逻辑通道,则应用特定安全状态依赖于逻辑通道。

（3）文件特定安全状态。可以通过完成与 DF 相关的鉴别规程进行修改（例如，附属于特定 DF 的 Password 或密钥的实体鉴别）。它可以通过文件选择进行维护、恢复或被丢弃。这种修改只与鉴别规程所属的文件相关。如果使用了逻辑通道，则文件特定安全状态依赖于逻辑通道。

（4）命令特定安全状态。仅在执行使用安全报文传输和涉及鉴别的命令期间，它才存在。这种命令可以不改变其他安全状态。

事实上，我们完全可以认为智能卡在整个工作过程中始终都是处在这样的或是那样的状态之中，因此安全状态通常可以利用智能卡在当前已经满足的条件的集合来表示。以下列举了一些常见的安全状态条件：

（1）复位应答和可能的协议参数选择。

（2）单个命令或序列命令执行的鉴别过程。

（3）通过验证通行字 Password（例如，使用一个 VERIFY 命令）。

（4）通过认证密钥（例如，使用 GET CHALLENGE 命令后面紧跟着 EXTERNAL AUTHENTICATE 命令，或使用 GENERAL AUTHENTICATE 命令序列）。

（5）通过安全报文传输（例如，报文鉴别）。

安全属性实际上是定义了执行某个命令或访问某个文件所需要的一些条件，只有智能卡满足了这些条件，该命令才是可以执行的。因此，如果将智能卡当前所处的安全状态与某个操作的安全属性相比较，那么根据比较的结果就可以很容易地判断出一个命令或文件在当前状态下是否允许执行或访问，从而达到了安全控制的目的。和安全状态与安全属性相联系的是安全机制。[33]

安全机制可以认为是安全状态实现转移所采用的转移方法和手段，通常包括通行字鉴别、密码鉴别、数据鉴别及数据加密安全状态经过上述的这些手段就可以转移到另一种状态，把这种状态与某个安全属性相比较，如果一致，就表明能够执行该属性对应的命令。一些常见的安全机制如下：

（1）使用 Password 的实体鉴别。卡对从外界接收到的数据同保密的内部数据进行比较。该机制可以用来保护用户的权利。

（2）使用密钥的实体鉴别。待鉴别的实体必须按鉴别规程（例如，使用 GETCHALLENGE 命令后面紧跟着 EXTERNAL AUTHENTICATE 命令、GENERALAUTHENTICATE 命令序列）来证明了解相关密钥。

（3）数据鉴别。卡使用对称密码体制中的密钥（简称密钥）或非对称密钥体制中的公钥（简称公钥），对从外界接收到的数据进行鉴别。而发送方则使用密钥或私钥计算出鉴别码（密码校验和/或数字签名），插入发送的数据中，该机制可以用来保护数据提供者的权利。

（4）数据加密/解密。卡使用密钥或私钥，解密从外界接收到的数据（密文），而发送方则使用密钥或公钥，计算出密文和鉴别码发送给卡。该机制可以用来保护数据接收方的利益。

我们来看一个具体 COS 安全体系的实现，图 5.4.1 是 StarCOS 智能卡的安全机制示意图，StarCOS 是捷德公司推出的智能卡 COS。StarCOS 的文件结构除通常的二进制透明文件、线性定长记录文件、线性变长记录文件、循环记录文件外，还多了一种名为 compute 的文件结构，从形式上看 compute 文件和循环记录文件类似，但是每条记录又有自己固定的结构定义。此外 StarCOS 的 MF 和每个 DF 都有自己的初始安全状态,当卡片上电后首先默认选择 MF,安全状态为 MF 的初始状态,当选择某个 DF 后,当前 DF 的安全状态就是该 DF 的初始状态。MF 和 DF 的初始状态在文件建立的时候可以设定。在整个卡片的操作过程中分别保存两个当前安全状态,一个是 MF 的,另一个是当前 DF 的。只有通过验证 PIN 或者外部认证、双向认证才能改变当前的安全状态。

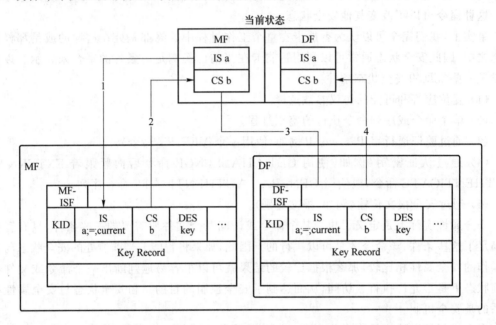

图 5.4.1 StarCOS 安全机制

该图说明只有在 MF 下验证 DES 密钥之后,才能进入 DF 下进行 PIN 验证,并且将 DF 的安全状态改变为 c。StarCOS 的安全机制是目前最灵活和最有效的安全机制之一,对于文件的不同操作可以非常方便地定义安全条件,即可以参考当前的 DF 值也可以参考 MF 下的值。唯一的限制是在 StarCOS S2.1 中,仅支持二级文件目录,亦即在 MF 下只有一级 DF,虽然稍显不足,但是也基本上可以满足大多数应用的需求。

从上面对 COS 安全体系的工作原理的叙述中可以看到,相对于安全属性和安全状态而言,安全机制的实现是安全体系中极为重要的一个方面。没有安全机制,COS 就无法进行任何操作。概括来说,COS 的安全机制所实现的就是如下三个功能:鉴别与验证、数据加密与解密、文件访问的安全控制,我们已经在 5.3 节中进行了讨论。5.5 节我们将看一下 COS 命令的构成,使用 COS 命令我们将能够操纵文件系统,进行安全体系的相关操作。

5.5 COS 命令系统

智能卡系统设计
之安全体系

COS 的命令集在 ISO/IEC 7816 国际标准中已有了规定。而对于一张具体的智能卡,往往因为它的应用的关系,使其命令集在国际标准的基础上都要做一些不同程度的选择或扩充。例如,STARCOS 的命令集共有 28 条命令,其中属于 ISO/IEC 7816-4 标准命令集的仅有 9 条。

ISO/IEC 7816-4 技术标准规范创建于 1995 年,全称为《识别卡带触点的集成电路卡第 4 部分:行业间交换用指令》,该标准规定了由接口设备至识别卡(或相反方向)所发送的报文、指令和响应的内容;在复位应答期间识别卡所发送历史字符的结构和内容;在处理交换用行业间指令时,在接口处所读出的文件和数据结构;访问识别卡内文件和数据的方法;定义访问识别卡内文件和数据的权利的安全体系结构;保密报文交换方法等内容。

在 20 世纪末,国际标准 ISO/IEC 7816 中规范的命令远远不能满足实际需要,甚至创建文件等命令也没有包含在标准中,因此在这之前开发的智能卡产品中都有不少自行定义的命令。2006 年版的 ISO/IEC 7816-4 标准将命令集进行了大量修改与扩充,并补充了 ISO/IEC 7816-7/8/9 国际标准;按照功能将命令集大致分为文件管理命令、数据单元处理命令、记录处理命令、安全处理命令和传输处理命令。

本节主要介绍 COS 命令组成的基本结构,并对命令头进行详细介绍,每条命令具体的使用方式不赘述,感兴趣的读者可以阅读 ISO/IEC 7816 的相关部分。

5.5.1　命令-响应对

COS 系统和读写器之间的操作和数据交换结构主要由命令-响应对来规定。命令和响应必成对出现,即从读写器向卡发送的一个命令 APDU(application protocol data unit,应用协议数据单元)跟随着从卡向读写器发回的一个响应 APDU。表 5.5.1 所示为命令 APDU(表的上部)和响应 APDU(表的下部)的内容。

表 5.5.1　命令-响应对

字　段	描　　述	字节数
命令头	类别字节 CLA	1
	指令字节 INS	1
	参数字节 P1-P2	2
Lc 字段	Nc 编码为 0 则不存在,Nc 编码大于 0 则存在	0,1 或 3
命令数据字段	Nc 编码为 0 则不存在,Nc 编码大于 0 则以 Nc 字符串的形式存在	Nc
Le 字段	Ne 编码为 0 则不存在,Ne 编码大于 0 则存在	0,1,2 或 3
响应数字段	Nr 编码为 0 则不存在,Nr 编码大于 0 则以 Nr 字符串的形式存在	Nr(最多 Ne)
响应尾标	状态字节 SW1-SW2	2

在表 5.5.1 中,Lc 字段的长度有两种:短长度(0 或 1 个字节)和扩展长度(3 个字节)。Le 字段的长度也有两种:短长度(0 或 1 个字节)和扩展长度(2 或 3 个字节)。如果在命令 APDU 中 Le 字段的编码为 Ne,而在响应 APDU 中返回的数据仅为 Nr 个字节(Nr<Ne),这说明还有(Ne-Nr)个字节需要返回,其差值将在响应 APDU 的状态字节(SW1-SW2)中反映出来。读写器接收此信息后,将进一步发送相关命令(GET RESEPONSE 命令)要求继续返回余下数据。

在所有包含 Lc 和 Le 字段的命令-响应对中,Lc 和 Le 或者是均为短长度字段,或者是均为扩展长度字段。除非在卡的历史字节中或 EF 中另有说明,否则卡默认处理短长度字段。

注:在本节中,十进制数和十六进制数的表示方法举例如下。同一个数,如果以 18 表示十进制数,则以 '12' 表示十六进制数,即十六进制数加上引号。

(1) Nc 指示命令数据字段中的字节数。Lc 字段编码 Nc:

① 如果 Lc 字段不存在,则 Nc 为 0。

② 由 1 个字节组成的短 Lc 字段不能置为 '00'。

③ 由 3 个字节组成的扩展 Lc 字段,1 个置为 '00' 的字节后随 2 个置为非 '0000' 的字节。

(2) Ne 指示期望的响应数据字段中的最大字节数。Le 字段编码 Ne:

① 如果 Le 字段不存在,则 Ne 为 0。

② 由 1 个字节组成的短 Le 字段可以为任何值。如果被置成 '00',则 Ne 为 256,应返回所有可用字节。

③ 扩展 Le 字段的长度与 Lc 有关,如果 Lc 字段不存在,则由 3 个字节(1 个置为 '00' 的字节后随 2 个置为任意值的字节)组成扩展 Le 字段;如果扩展 Lc 字段存在,则由 2 个字节(可以是任何值)组成扩展 Le 字段。如果 2 个字节被置成 '0000',则 Ne 为 65536,应返回所有可用字节。

在所有的命令-响应对中,Le 字段不存在表示没有响应数据字段。

如果命令处理失败,则卡将变得不可响应。然而,如果出现响应 APDU,那么响应数据字段应不存在,并且 SW1-SW2 应指出一个差错。参数字节 P1-P2 指出处理命令的控制和选项。'00' 通常不提供进一步的约定。参数字节的编码和含义在每条命令中介绍类别字节 CLA、指令字节 INS 和状态字节 SW1-SW2 的通用约定在下面规定。在这些字节中,除非另有规定,否则 RFU 位置为 0。

举一个具体的例子,我们要向 COS 中写入一条随机数并将其读出。首先,需要对卡内的二进制文件 '0001' 写入一串随机数(UPDATE BINARY),我们依次输入 CLA='00'、INS='D6'、P1='00'、P2='00'、Lc='1D',数据字段为 16 位随机数,若卡片返回 '9000' 说明我们执行成功;之后我们使用读取二进制文件的命令(READ BINARY),依次输入 CLA='00'、INS='B0'、P1='00'、P2='00'、Le='10',若执行成功,COS 系统便能够读出并返回我们写入的 16 位字节随机数。

命令头是 COS 指令中最重要的部分,由类别字节 CLA、指令字节 INS 和参数字节 P1-P2 构成,命令的余下内容都由其决定。本节只对命令头进行解析,其余对每种命令具体操作的命令细节详见 ISO/IEC 7816 文献。

5.5.2　类别字节 CLA

在 CLA 字节中,我们将 b_8 位恒置为 0,表示是在本标准中定义的类别。值 '001XXXXX' 由 ISO/IEC JTC1/SC17 保留供将来使用,表 5.5.2 和表 5.5.3 介绍了值 '000XXXXX' 和 '01XXXXXX' 的使用。

表 5.5.2 CLA='000XXXXX'

b_8	b_7	b_6	b_5	b_4	b_3	b_2	b_1	命令介绍
0	0	0	0	—	—	—	—	本命令是命令链的最后一条
0	0	0	1	—	—	—	—	命令链且不是最后一条
0	0	0	—	0	0	—	—	无 SM(安全报文)或无指示
0	0	0	—	0	1	—	—	专用 SM 格式
0	0	0	—	1	0	—	—	命令头不参与鉴别
0	0	0	—	1	1	—	—	命令头参与鉴别
0	0	0						从 0 到 3 的逻辑通道号

表 5.5.3 CLA='01XXXXXX'

b_8	b_7	b_6	b_5	b_4	b_3	b_2	b_1	命令介绍
0	1	0	—	—	—	—	—	无 SM 或无指示
0	1	1	—	—	—	—	—	命令头不参与鉴别
0	1	—	0	—	—	—	—	本命令是命令链的最后一条
0	1	—	1	—	—	—	—	命令链且不是最后一条
0	1	—	—	x	x	x	x	从 4 到 19 的逻辑通道号

CLA='000XXXXX'时,b_5 控制命令链,b_4 和 b_3 指明安全报文传输,b_2 和 b_1 标码从 0 到 3 的逻辑通道号;CLA='01XXXXXX'时,b_6 指明安全报文传输,b_5 控制命令链,b_4 到 b_1 编码从 0 到 15,该值加上 4 即为从 4 到 19 的逻辑通道号。

其中安全报文传输指的是利用加密和认证码来保护命令-响应对。不安全报文传输指的是用明文表示命令-响应对。

命令链规定了多条相邻的命令-响应对可以被链接在一起的机制。该机制可以在执行多步处理时使用。例如,当单一命令传输的数据串过长时(即前面提到的 Nr＜Ne 的情况)可采用命令链。如果 CLA 的 b_5 为 1,表示该命令不是命令链的最后一条命令,但响应APDU 中的 SW1-SW2 被置为'9000'意味着处理已经完成,实际上该命令应是命令链的最后一条命令。此时也可发出特定错误指示,即如果 SW1-SW2 被置为'6883',表示期望这是命令链的最后一条命令,如果 SW1-SW2 被置为'6884',表示不支持命令链。

逻辑通道是 CLA 编码命令-响应对的通道号。通道号为 0 的通道为基本通道,始终可用,且不能被关闭,对于不支持多逻辑通道的卡仅使用该通道。可以通过 SELECT 命令来开放任一尚未使用的通道,或通过 MANAGE CHANNEL 命令的开放功能来开放任一尚未使用的通道。可以通过 MANAGE CHANNEL 命令的关闭功能来关闭任一通道,在关闭后,可以通过重用使通道变得可用。在同一时刻,仅有 1 个通道可用,对同一 DF 或 EF,可以开放多个通道。

例如之前的例子,对卡内的二进制文件'0001'写入一串随机数,CLA='00'表示只使用一条命令,且使用通道 4 无 SM 安全报文,且命令头不参与鉴别。[34]

5.5.3 指令字节 INS

INS 字节指明了要操作的命令,ISO/IEC 7816-4 规定了用于交换的命令,ISO/IEC 7816-7 规定了用于结构化卡查询语言(structured card query language,SCQL)的命令, ISO/IEC 7816-8 规定了用于安全操作的命令(包括部分在 ISO/IEC 7816-4 中规定的安全处理命令),ISO/IEC 7816-9 规定了用于卡管理的命令。

INS 的 b_1 指明数据字段格式,如果 b_1 置为 0(偶数 INS 代码),则不提供指示,如果 b_1 置为 1(奇数 INS 代码),则数据字段按 BER-TLV 编码。

表 5.5.4 给出了 ISO/IEC 7816-9 以及之前所定义的所有命令,需特别注意的是,在 ISO/IEC 7816-3 中,值'6X'和'9X'是无效的。

表 5.5.4 ISO/IEC 7816 中规定的命令

序 号	命令名称	INS	ISO/IEC
1	CREATE FILE	E0	7816-9
2	SELECT(FILE)	A4	7816-4
3	MANAGE CHANNEL	70	7816-4
4	DELETE FILE	E4	7816-9
5	DEACTIVATE FILE	04	7816-9
6	ACTIVATE FILE	44	7816-9
7	TERMINATE DF	E6	7816-9
8	TERMINATE EF	E8	7816-9
9	TERMINATE CARD USAGE	FE	7816-9
10	READ BINARY	B0,B1	7816-4
11	WRITE BINARY	D0,D1	7816-4
12	UPDATE BINARY	D6,D7	7816-4
13	SEARCH BINARY	A0,A1	7816-4
14	ERASE BINARY	0E,0F	7816-4
15	READ RECORDS	B2,B3	7816-4
16	WRITE RECORDS	D2	7816-4
17	UPDATE RECORDS	DC,DD	7816-4
18	APPEND RECORDS	E2	7816-4
19	SEARCH RECORDS	A2	7816-4
20	ERASE RECORDS	0C	7816-4
21	GET DATA	CA,CB	7816-4
22	PUT DATA	DA,DB	7816-4
23	INTERNAL AUTHENTICATE	88	7816-4
24	GET CHALLENGE	84	7816-4
25	EXTERNAL AUTHENTICATE	82	7816-4

序　号	命令名称	INS	ISO/IEC
26	GENERAL AUTHENTICATE	86,87	7816-4
27	VERIFY	20,21	7816-4
28	CHANGE REFERWNCE DATA	24	7816-4
29	ENABLE VERIFICATION REQUIREMENT	28	7816-4
30	DISABLE VERIFICATION REQUIREMENT	26	7816-4
31	RESET RETRY COUNTER	2C	7816-4
32	MANAGE SECURITY ENVIROMENT	22	7816-4
33	PERFORM SECURITY ENVIROMENT	2A	7816-8
34	GENERATE PUBLIC KEY PAIR	46	7816-8
35	GET RESPONSE	C0	7816-4
36	ENVELOPE	C2,C3	7816-4
37	PERFROM SCQL OPERATION	10	7816-7
38	PERFROM TRANSACTION OPERATION	12	7816-7
39	PERFROM USER OPERATION	14	7816-7

5.5.4　状态字节 SW1-SW2

　　SW1-SW2 指示了处理状态,是我们执行命令后智能卡返回的数据,ISO/IEC 7816 中定义,该状态值只能是$'6XXX'$和$'9XXX'$,其他的都视为无效,同时$'60XX'$也是无效的。

　　值$'61XX''62XX''63XX''64XX''65XX''66XX''68XX''69XX''6AXX''6CXX''6700'$ $'6B00''6D00''6E00''6F00'$和$'9000'$在 ISO/IEC 7816 中定义,而$'67XX''6BXX''6DXX''$ $6EXX''6FXX'(XX≠00)$和$'9XXX'(XXX≠000$ 都是专有的。表 5.5.5 列出了 SW1-SW2 的值以及它们的通常含义。

表 5.5.5　SW1-SW2 的值及含义

状　态	SW1-SW2	含　义
正常处理	$'9000'$	无进一步说明
	$'61XX'$	SW2 编码表示仍然可以获取的数据字节数
警告处理	$'62XX'$	非易失存储器状态无变化,并由 SW2 说明
	$'63XX'$	非易失存储器状态变化,并由 SW2 说明
执行出错	$'64XX'$	非易失存储器状态无变化,并由 SW2 说明
	$'65XX'$	非易失存储器状态变化,并由 SW2 说明
	$'66XX'$	安全相关的发布
校验出错	$'6700'$	错误的长度,无进一步说明
	$'68XX'$	CLA 中的功能不被支持,并由 SW2 说明
	$'69XX'$	不允许的命令

状　态	SW1-SW2	含　义
校验出错	′6AXX′	错误的参数 P1-P2
	′6B00′	错误的参数 P1-P2
	′6CXX′	错误的 Le 字段。SW2 编码准确有效数据字节数
	′6D00′	指令代码不被支持或无效
	′6E00′	类别不被支持
	′6F00′	没有精确的诊断

如果处理失败,返回 SW1 为′64′~′6F′,则没有响应数据字段。

如果 SW1 置为′61′,则处理完成,在发送其他命令之前,可以先发送与之有相同 CLA 且 SW2(仍然有效的数据字节数)作为短 Le 字段的 GET RESPONSE 命令。

如果 SW1 置为′6C′,则处理失败,在发送其他命令之前,可以重新发送原有命令,SW2(确切的有效字节数)为短 Le 字段。表 5.5.6 列出了 ISO/IEC7816 中使用的所有警告和错误情形。

表 5.5.6　警告和错误情形

SW1	SW2	含　义
62(警告)	00	没有信息被给出
	02 - 08	由卡发起的查询
	81	返回数据的一部分,数据可能被损坏
	82	读出 Ne 字节之前文件或记录已结束
	83	选择的文件无效
	84	FCI 未格式化
	85	选择的文件为终止状态
	86	没有来自卡传感器的有效数据
63(警告)	00	没有信息被给出
	81	文件被上一次写入填满
	Cx	通过 x(0-F)的值提供的计数器
64(警告)	00	运行出错
	01	卡需要返回数据
	02 - 80	由卡发起的查询
65(错误)	00	没有信息被给出
	81	存储器故障
68(错误)	00	没有信息被给出
	81	逻辑通道不被支持
	82	安全报文不被支持
	83	期望是命令链的最后一条命令
	84	命令链接不被支持

续表

SW1	SW2	含　义
69(错误)	00	没有信息被给出
	81	命令与文件结构不兼容
	82	安全状态不被满足
	83	鉴别方法被阻塞
	84	引用的数据无效
	85	使用的条件不被满足
	86	命令不被允许(无当前 EF)
	87	期望的 SM 数据对象失踪
	88	SM 数据对象不正确
9A(错误)	00	没有信息被给出
	80	在数据字段中的不正确参数
	81	功能不被支持
	82	文件或应用未找到
	83	记录未找到
	84	无足够的文件存储空间
	85	Nc 与 Tv 结构不一致
	86	不正确的参数 P1-P2
	87	Nc 与 P1-P2 不一致
	88	引用的数据未找到
	89	文件已存在
	8A	DF 名已存在

5.5.5　COS 的测试

COS 设计完成后需要详尽、全面地对卡应完成的全部功能进行测试。当输入不正确的命令或操作有误时,程序(COS)应自动中止,给出发生差错的信息,并且不能改变卡中原来存储的有关数据。

在硬件设计和 COS 设计阶段就要考虑测试方案,为此在芯片中可能会附加一些测试专用电路,设置一些观察点和融丝等,在完成测试或个人化后将融丝断开,从而限制以后某些操作的执行,保护卡的安全。在设计 COS 时也应考虑如何划分程序模块,以便于调试。

IC 卡从设计、生产到最后出产品,要经历多个步骤,每一步都可能产生废品,为了及早将不合格的中间产品检测出来,原则上每经过一道工序都要进行检测。

在完成了硬件设计以后,就可进行 COS 设计,在设计 COS 的过程中,不排除对硬件实行局部修改的可能性。接触式 IC 卡的硬件包括 MCU(Microcontroller unit)、存储器(RAM、ROM 和 EPROM)和与触点连接的接口电路,在半导体工艺线上将其集成在一个芯片之中。

COS 的设计一般在半导体生产厂家提供的工具上进行，该工具包括两部分：仿真 IC 卡和仿真读写器。仿真 IC 卡是具有被设计的 IC 卡的所有功能的部件，由集成度较低的若干个现成的芯片和一些附加电路构成。其中，ROM 由 RAM、EPROM 或 E2PROM 替代，以便将设计中的 COS 写入仿真卡存储器以及修改 COS 的内容，在设计过程中这种情况是经常发生的。另外，仿真 IC 卡最好能有自诊断能力，这样在调试 COS 程序时，在某些场合可很快区分是硬件还是软件问题。一般自诊断在加电后立即实行仿真，IC 卡通过 6 个或 8 个触点与外界接触（符合 ISO/IEC 7816-2 标准）。仿真读写器的功能是产生调试 COS 程序所需提供给各触点的信号，并接收与分析从 IC 卡返回的信息。在向 IC 卡加电时，提供各触点激活 IC 卡所需的时序信号；在下电时，提供各触点停活（去激活）IC 卡所需的时序信号。接收并分析从 IC 卡返回的复位应答。在之后的测试过程中我们都假设设计工具和自诊程序是可靠的。

一般的大程序在完成软件的总体设计以后，将其分成若干个功能独立的模块，并明确各模块之间的输入输出要求，这样就可以有多人参与模块程序的编写，各模块分别调试后再进行模块之间的联调。我们可将测试分为以下模块：

（1）IC 卡加电、断电处理模块：①加电后，对 IC 卡硬件的初始化（设置默认值）。②防插拔。为防止本次交易突然停电而进行的预处理，即"防意外掉电"。③发送 ATR 到读写器。

（2）命令-响应对的公共处理模块：①命令 APDU 中 CLA 和 INS 编码合法性处理。②响应 APDU 中的 SW1、SW2 编码设定。③安全条件和安全属性匹配性检查（包括加密解密算法的实现）。

（3）各命令 APDU 的专有处理模块：①各命令参数（P1、P2）和数据字段（LC、data、Le）编码合法性处理。②命令功能的实现。

之后我们要在仿真读写器中编写测试上述各模块的测试程序，并将相应信号转换到各触点上。测试程序还需顾及传输协议（T=0）的测试。

如果 COS 中编写的程序还与频率有关，则需要进行变频测试。如果在模块测试过程中发现问题，要及时修改 COS 程序，修改后要重新进行测试。在测试时，除检查在正常工作情况下的操作结果是否正确外，还要尽可能检查所有在不正常情况下的操作结果是否与预期的相同，一定要保持卡内数据的安全。

在完成了程序模块的分调和联调后，就可考虑运行更为复杂的测试程序。需要注意的是，IC 卡的个人化处理与仿真 IC 卡的个人化处理是不同的。测试通过后，提交厂家生产，在芯片的生产过程中将 COS 写入 ROM。

此外，除测试 COS 中的程序外，还要测试硬件的正确性和可靠性，并且要注意某些命令（如创建文件）在个人化后就不能再执行了，因此要在个人化前进行充分的测试。[35]

图 5.5.1 给出了一个较为完整的测试流程，以下对每一个测试步骤进行说明。

1. 功能正确情况测试

测试目的：验证卡片的每条命令是否正确执行，并正确响应。

测试原理：在输入的参数都合法，执行的条件都具备，所执行的命令应该可以正常执行的情况下，检查所测命令是否能够正确执行设计的功能步骤。

2. 功能异常情况测试

测试目的：验证卡片的每条命令是否对异常情况可以正确执行，并返回相应错误代码。

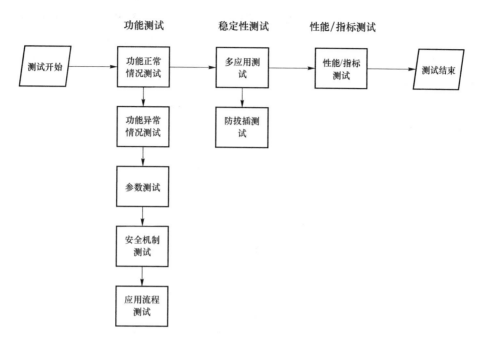

图 5.5.1 测试流程

测试原理：输入的参数都合法，但执行的条件不具备，检测 COS 是否都返回了相应错误代码。

3. 参数测试

测试目的：验证每条命令存在错误参数时是否可以返回期望的错误代码。

测试原理：固定所测命令参数 P1、P2、Lc 和数据域正确且不变，利用穷举法遍历每一个错误的 CLA 作为输入参数，测试 COS 是否都能正确响应错误代码。其他参数测试同理。

4. 安全机制测试

测试目的：验证卡片在不满足安全状态的情况下是否可以拒绝操作。

测试原理：在操作一个基本文件时，该文件可能有一个或者多个安全控制机制。在其中一种安全控制机制不满足的情况下，测试 COS 是否能正确检查出来。在多种安全控制机制不满足的情况下，测试 COS 是否能正确检查出来。

5. 应用流程测试

测试目的：验证 COS 是否可以正确完成符合相应规范的应用流程。

测试原理：将命令组合起来成为一个应用流程，检测整个流程是否都能正确执行，检测基本命令之间是否会有影响。

6. 多应用测试

测试目的：验证 COS 是否可以防止多应用之间改写文件时互相干扰。

测试原理：一张卡片内的多个应用之间应互相独立。当不同应用的基本文件的 ID 相同时，对其中一个文件用 ID 方式进行操作，两个基本文件不会互相干扰。

7. 防拔插测试

测试目的：验证卡片在执行带有写操作的命令突然断电时，COS 能够成功保护数据的功能。

测试原理:当卡片在进行写 EPPROM 操作的时候如果突然断电,卡片只能有两种选择:一是写操作全部完成,新数据成功写入;二是写操作全部未执行,E2PPROM 完整保存原有数据。其他任何情况都视为错误。

8. 性能/指标测试

测试目的:测试 COS 对于文件的读写速度或者应用流程的交易速度等。

测试原理:通过计时,对卡片完成某项操作的速度有一个评判。

课 后 习 题

5.1　什么是 COS,它有什么特点?

5.2　如何理解 COS 的文件系统? COS 中有哪几种文件?

5.3　简单描述一下 COS 文件的生命周期?

5.4　COS 中有哪几种常见的安全状态?

5.5　在命令-响应对中,Nc 和 Ne 各表示什么意义?

5.6　请写出在响应 APDU 中,没有出现错误时的 SW1-SW2 值。

5.7　在 COS 的测试中,一般要测试哪几个模块?

5.8　请简述一下 COS 的测试步骤。

第**6**章 NFC技术

NFC 是 near field communication 的缩写,即近场无线通信技术。它是在无线射频识别(RFID)和互联技术的基础上融合演变而来的新技术,是一种短距离无线通信技术标准。NFC 技术已经逐渐走进了普通消费者的生活,越来越多的产品和领域都开始出现了 NFC 的身影。互动广告、公交卡和可穿戴智能腕带装备集成了 NFC 功能;在公交车站或商店的广告牌上也可以看到利用 NFC 标签书的"电子名片";绝大部分智能手机也将 NFC 功能作为标配。NFC 标签可以保存许多的信息,包括简短的文字、Web 地址、联系人信息甚至是 Google Play 应用商店的链接等。

6.1 概 述

科技杂谈—NFC 的
前世今生(视频)

6.1.1 什么是 NFC

NFC 是一种工作频率为 13.56 MHz,通信距离只有 0~20 cm(实际产品大部分都在 10 cm 以内)的近距离无线通信技术,其图标如图 6.1.1 所示。NFC 是一种非接触式技术,具有 NFC 功能的电子设备通过简单触碰就可以完成信息交换。现阶段主要应用领域有电子标签信息交互、门禁系统、卫生保健、防伪技术、公交系统和移动支付等。[36]

NFC 有三种工作模式:卡模拟模式、读写器模式和点对点模式。

(1)卡模拟模式

该模式将具有 NFC 功能的电子设备(如智能手机等)模拟成一张非接触式智能卡(如银行卡、交通卡、门禁卡等)。以 NFC 智能手机模拟成公交卡为例,用户只需将手机靠近地铁闸机的识别区域,就可以像公交卡一样完成支付交易,如图 6.1.2 所示。这种模式的一个明显优点是卡片通过非接触读卡器来供电,即便是手机没电的情况下也可以保证数据的传输工作。

图 6.1.1 NFC 图标

图 6.1.2　带有 NFC 功能的手机模拟公交卡

（2）读写器模式

作为一个读卡器，具有 NFC 功能的电子设备（如智能手机）可以读写 NFC 标签或者是工作在卡模拟模式下的 NFC 电子设备中的内容，如图 6.1.3 所示。例如，工作在读写模式下的电子设备充当一台 POS 机的角色，可以读取银行卡的信息，从而完成金融交易。

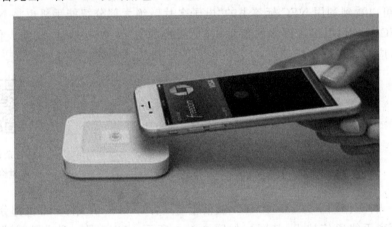

图 6.1.3　NFC 读卡器

（3）点对点模式

如图 6.1.4 所示，将两个具有 NFC 功能的电子设备连接后，即可实现数据在设备间的点对点传输，如下载音乐、交换图片或者同步设备地址簿等功能。

NFC 具有两种通信方式：被动通信和主动通信。

（1）被动通信

被动通信方式是指在 NFC 通信双方之间，由一方产生射频（RF）场，另一方从射频场中获取能量，并通过负载调制的方式与产生射频场的一方通信。被动通信方式经常用于卡模拟模式和读写模式中。这里需要强调一点，通信方式与 NFC 的工作模式没有必然联系。在传统的读卡器和 IC 卡通信过程中，IC 卡是无源的，需要从读卡器产生的射频场中获取能量。因此当 NFC 设备模拟成一张卡的时候，绝大多数情况下都采用被动通信的方式。NFC 设备一般情况下都是有源的，因此工作在卡模拟模式下的 NFC 设备是可以产生自己的射频场进行主动通信的。虽然这种应用比较少,但不代表卡模拟模式只能采用被动通信方式。

图 6.1.4　带有 NFC 功能的手机互传数据

详细讲解近场通信(NFC)技术

(2)主动通信

主动通信方式是指射频场由 NFC 通信双方交替产生,即通信双方需要通信时产生自己的射频场,这就要求通信双方都是有源设备。当通信的一方产生射频场进行通信时,另一方处于侦听模式,不会产生射频场。主动通信方式主要用于 NFC 点对点通信。正如上文提到的,并不是点对点通信模式只能采用主动通信方式。

NFC 工作频率为 13.56 MHz,通信距离为 0～20 cm,目前有 160 kbit/s、212 kbit/s、424 kbit/s、848 kbit/s 四种传输速率。NFC 与其他无线通信技术的区别如表 6.1.1 所示。

表 6.1.1　NFC 与其他无线通信技术的区别

参数	相比较的无线通信技术				
	ZigBee	蓝牙	UWB 超宽带	Wi-Fi	NFC
价格	芯片组约 4 美元	芯片组约 5 美元	芯片组大于 20 美元	芯片组约 25 美元	芯片组约 2.5～4 美元
安全性	中等	高	高	低	极高
传输速度	10～250 kbit/s	1 Mbit/s	53.3～480 Mbit/s	54 Mbit/s	160 kbit/s、212 kbit/s、424 kbit/s、848 kbit/s
通讯距离	75～300 m	0～10 m	0～10 m	0～100 m	0～20 cm
频段	2.4 GHz、868 MHz	2.4 GHz	3.1～10.6 GHz	2.4 GHz	13.56 MHz
国际标准	IEEE 802.15.4	IEEE 802.15.1	暂无	IEEE 802.11	ISO/IEC 18092、ISO/IEC 21481

6.1.2　NFC 技术发展历史

为了吸引更多的力量投入 NFC 领域,加速 NFC 技术的普及,2004 年 3 月 18 日由飞利浦、索尼和诺基亚三家公司牵头成立了 NFC Forum,开始推广 NFC 技术和商业应用。NFC Forum 的目的是开发 NFC 标准和互操作性协议,鼓励行业使用这些规范,从而形成一个完整的 NFC 生态系统。目前论坛已经有 12 位 Sponsor 成员(包括谷歌、英特尔、高通等),21

位 Principal 成员(包括中国的华为),78 位 Associate 成员(包括中国的中国移动、泰尔实验室、银联、中兴、联想等),另外还有 80 多位 Implementer 成员和 Non-Profit 成员,总计成员大约 200 位。

诺基亚作为 NFC Forum 的发起人之一,在 2004 年就推出了改版的诺基亚 6210 手机。该手机支持读写 RFID 标签,读取标签后可以触发短信程序发送短信。同年,诺基亚推出了 5140i 和 3220 手机的 NFC 外壳。安装了 NFC 外壳的 3220 手机,可以通过触碰 NFC 标签,访问网络和短信服务。该手机被德国的 RMV 公司应用到交通系统中提供交通卡服务,消费者可以将手机作为车票。在美国,3220 手机在 Visa、大通银行 ViVOtech 和 Cingular 公司的支持下在亚特兰大进行支付试点。[37]

2006 年,诺基亚公司携手福建移动公司、厦门易通卡公司、飞利浦公司宣布,在厦门启动中国首个 NFC 手机支付现场试验。厦门移动公司招募百名志愿者,率先使用具有 NFC 功能的诺基亚 3220 手机,在厦门市任何一个厦门易通卡覆盖的公交汽车、轮渡、餐厅、电影院、便利店等营业网点进行手机支付,亲身体验 NFC 移动支付的便捷。用户只要刷一下手中的诺基亚 3220 手机,便可轻松实现各种易通卡交易。同年,诺基亚公司与银联合作在上海启动新的 NFC 测试。这是继厦门之后在中国的第二个 NFC 试点项目,也是全球范围内首次进行 NFC 空中下载试验。

2011 谷歌公司推出"谷歌钱包",不仅展示了它的技术能力,还展示了其强大的商业资源整合能力。"谷歌钱包"不仅支持信用卡支付,还支持购物卡、礼品卡等支付方式。用户使用安装"谷歌钱包"的手机贴近具有 NFC 功能且支持"谷歌钱包"的 POS 机,就可以完成支付。

智能手机逐步普及,越来越多的手机集成了 NFC 功能,特别是主流厂商(如三星、索尼、HTC、黑莓、诺基亚、联想、华为、中兴等)的旗舰手机大都配置了 NFC 功能,另外,随着移动支付的兴起,央行在 2012 年发布了移动支付标准,NFC 成为移动支付非接触支付的唯一技术手段。除移动支付外,NFC 还可以用于快速文件传输,如在 Android 系统中的 Android Bea 及三星的 S Beam 都用到了 NFC 技术。此外,NFC 还在机场、公交医疗、零售业等领域有着广阔的发展前景。如今,中国很多城市支持 NFC 手机刷公交卡,如北京。NFC 的标准化组织也在和航空业组织制定 NFC 在机场的应用标准,登机牌、护照等信息都可以存放在 NFC 手机中,用户只需要刷手机就完成登机手续。

6.1.3 NFC 应用现状

(1) 移动支付

移动支付是 NFC 技术最重要的一个应用。NFC 工作在 13.56 MHz,与金融行业中非接触基础设施相兼容,并且由于工作距离非常近,具有天然的安全性,因此 NFC 也被作为移动支付非接触支付的技术标准。随着 NFC 智能手机的普及,各大运营商、银行、第三方支付公司、公交一卡通公司等都开始在移动支付领域发力。

在国外,Google Wallet 是 NFC 移动支付的代表,借助自家的 Android 系统和 Google Nexus 手机,Google 算是全球第一个大力推动 NFC 移动支付的科技公司。但 Google Wallet 的推广并非一帆风顺,虽然目前国外经常能看到 Google Wallet 的 NFC 支付系统,但由于 NFC 尚未普及,Google Wallet 效果并不明显。不仅有 Pay pal 和各大运营商在内的公司的反对,而且还有来自 Square、Boku 等非 NFC 支付系统的竞争。

Isis 则是美国三大运营商 AT&T、T-Mobile 和 Verizon 联合创办的一个 NFC 移动支付平台。Google Wallet 有 Android 系统,Isis 有美国三大运营商,所以 Isis 反而会在用户数量上更胜一筹。同时 Isis 还与金融行业进行合作,目前已和 Visa、MasteCard、Discover Financial Services 以及美国运通等多家金融公司达成合作关系,对 NFC 支付系统的推动作用更加明显。

在国内,中国移动在 2010 年推出了支持 NFC 支付的 SM 卡,不受用户手机机型的限制,但是采用的频率是 24 GHz 与 POS 机具的频率 13.56 MHz 冲突。2012 年 12 月,央行发布了金融行业移动支付标准,确定采用 13.56 MHz 技术。

2013 年到 2015 年,13.56MHz 的标准确定后,银联与运营商联手推进 NFC-SWP 模式。但是在该模式下,用户除需更换新的支持 NFC 支付的 SM 卡外,还需更换一个运营商认可的 NFC 手机。用户端硬件设备的极大限制使得在该模式下 NFC 支付很难普及。

2016 年,在 NFC-HCE 模式逐渐成熟以后,银联联合各银行、手机厂商、互联网金融公司等共同推进云闪付模式。在银联云闪付模式下,银联绕过运营商统一了移动 NFC 支付的产业链。

2017 年上市的智能手机中,拥有 NFC 功能的手机占比为 31.3%,相比于 2015 年的 17.1%有大幅增长。NFC 手机占比的快速提升体现了移动 NFC 支付的用户端硬件条件正在逐渐改善。同时,2017 年,我国移动 NFC 支付规模达到了 48.9 亿元,而且交易规模在不断扩大,NFC 市场正进入加速增长阶段。

(2)防伪溯源

NFC 防伪溯源采用 NFC 标签作为防伪载体,生产厂家在 NFC 电子标签内写入经过加密的产品信息,并将电子标签附着于产品包装处,消费者通过 NFC 手机上的 App 应用对电子标签进行识读,对标签数据进行解密,判断商品真伪。每个 NFC 电子标签具有唯一的电子编码,标签加密数据由厂家使用其数字证书私钥对产品与标签信息进行加密产生,使得物品都拥有独一无二的"身份证",从而无法复制与伪造。

国际汽车联合会(FIA)组织使用 NFC 技术来对车手的赛车服进行防伪验证,并进行相关的数据管理,例如制造商、分销商等信息,在比赛中如果出现事故,急救人员也可以通过读取 NFC 标签来了解车手的血型、过敏史等医疗信息。

法国人头马在酒瓶瓶身上应用了 NFC 防伪技术,具有真伪鉴别、开瓶检测以及消费者互动等功能。消费者通过手机下载并开启人头马智能验证 App 后,只需用手机靠近酒瓶的顶部,就可得知其是否为正品,是否从未被开启,是否经过重新密封。同时,当消费者打开酒瓶后,其独立的 NFC 标签就会发出信号,告知消费者该酒瓶已由"密封"状态变为"开封"状态。开瓶后,若消费者再度启用该 App 并靠近瓶盖,就能获取人头马积分。

联合国教科文组织文化领域内唯一签约合作电商"e 飞蚁"针对艺术品电商鱼龙混杂的现象,在其防伪溯源平台"诚品宝"中使用了 NFC315 防伪系统,将专用的防伪标签与非遗商品相对应,成为每件非遗作品的唯一可查身份证,为交易双方提供了保证。

(3)辅助 Wi-Fi/蓝牙配对

NFC 通过触碰就能快速完成数据交换的特性,被广泛应用到辅助 Wi-Fi、蓝牙连接配对的场景中。由于 Wi-Fi 和蓝牙搜索设备建立连接的速度比较慢,因此借助 NFC 交换 Wi-Fi 或蓝牙配置信息,可以快速地完成 Wi-Fi 或蓝牙的配对,从而建立连接。

三星推出的 S Beam 就是通过 NFC 来辅助 Wi-Fi Direct(Wi-Fi 直连)建立连接的例子。

尽管 Android Beam 实现了两部手机触碰后通过 NFC 进行数据传输的功能,但是只能传输些较小的数据,如图片、联系人信息、网页等,对于视频文件就无能为力了。三星在 Galaxy SⅢ上推出了 S Beam 的功能,当需要在两部手机之间传递视频或大容量数据时,只需要通过两部手机触碰就能在很短的时间完成数据传输。S Beam 的原理是这样的:两部手机触碰时,会通过 NFC 交换各自 Wi-Fi Direct 的配置信息,免去了两部手机互相搜索对方并获取对方网络配置信息的过程,从而快速地建立 Wi-Fi Direct 连接;然后,就可以通过 Wi-Fi Direct 传输数据。总结一下,对于 S Beam,通过 NFC 来交换各自的 Wi-Fi Direct 配置信息,从而建立 Wi-Fi Direct 连接。视频等数据是通过 Wi-Fi Direct 传输的。其实在 S Beam 出现之前,NFC 就被很多手机厂商用在了辅助蓝牙配对上,比如诺基亚的手机与蓝牙耳机通过 NFC 蓝牙配对。蓝牙耳机具有 NFC 功能,与诺基亚 N9 触碰后,自动建立耳机与手机之间的蓝牙连接。

此外,诺基亚公司有多款蓝牙耳机及便携式音箱配备了 NFC 功能。黑莓也有多款具有 NFC 功能的蓝牙耳机、蓝牙音箱和蓝牙多媒体网关,通过 NFC 完成手机和耳机、音箱、多媒体网关的蓝牙配对。

6.2 NFC 通信原理

近场通信技术(NFC)
的发展及其用途

6.2.1 NFC 通信基本原理

(1) 近场通信原理

对于天线产生的电磁场,根据其特性的不同,划分为三个不同的区域:感应近场、辐射近场和辐射远场。它们主要通过与天线的距离来区分。感应近场区指最靠近天线的区域。在此区域内,由于感应场分量占主导地位,其电场和磁场的时间相位差为 90°,电磁场的能量是振荡的,不产生辐射。辐射近场区介于感应近场区与辐射远场区之间。在此区域内,与距离的一次方、平方、立方成反比的场分量占据一定的比例,天线方向图与离开天线的距离有关,也就是说,在不同的距离上计算出的天线方向图是有差别的。辐射近场区之外就是辐射远场区,它是天线实际使用的区域。在此区域,场的幅度与离开天线的距离成反比,且天线方向图与离开天线的距离无关,天线方向图的主瓣、副瓣和零点都已形成。由于远场和近场的划分相对复杂,具体要根据不同的工作环境和测量目的来划分。一般而言,以场源为中心,在三个波长范围内的区域,可称为感应近场区;以场源为中心,半径为三个波长之外的空间范围称为辐射场。

NFC 称为近场通信,其工作原理基于感应近场。在近场区域中,离天线或电磁辐射源越远,场强衰减越大,因此它非常适合短距离通信,特别是与安全相关的应用,如支付、门禁等。

(2) NFC 被动通信

发起 NFC 通信的一方称为发起方,通信的接收方称为目标方。被动通信是指在整个通信的过程中,由发起方提供射频场,选择 106 kbit/s、212 kbit/s、424 kbit/s 三种速率之一发送数据;目标方不必产生射频场,而从发起方的射频场中获取能量,使用负载调制的方式,以相同的速率将数据回传给发起方,如图 6.2.1 所示。这里的目标方可以是有源设备,如处于卡模拟模式或点对点通信模式的智能手机,或者是无源标签,如 NFC 标签、RFID 标签等。本书将通信的接收方,如有源设备和无源的标签,统一称为目标方。

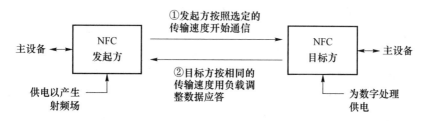

图 6.2.1　NFC 被动通信

（3）NFC 主动通信

主动通信是指通信的发起方和目标方在进行数据传输时,都需要产生自己的射频场,如图 6.2.2 所示。当发起方发送数据时,发起方将产生自己的射频场,而目标方关闭射频场,并以侦听模式接收发起方的数据。当发起方发送完数据后,发起方将关闭自己的射频场并处于侦听模式,等待目标方发送数据;目标方发送数据时,需要产生自己的射频场来发送数据。

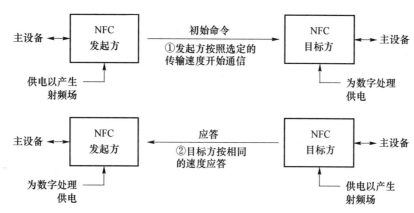

图 6.2.2　NFC 主动通信

主动通信要求通信的目标方是有源设备,即具有电源供给的设备。在通信过程中,发起方与目标方之间的关系是平等的,不存在主从关系,在发送数据的时候需要自己产生射频场;而另一方在没有数据发送或检测到周围空间有射频场的情况下,会关闭自己的射频场在侦听模式下接收数据。因此,主动通信的方式一般适用于点对点的数据传输。

主动通信与被动通信相比较,由于主动通信的射频场分别由通信双方产生,因此在通信距离上比被动通信稍远。另外,在被动通信方式下,射频场由发起方提供,如果通信双方均为移动设备,将导致电源消耗不均衡,因此主动通信可以解决移动设备 NFC 通信过程中电源消耗的不平衡问题。

（4）负载调制

在 NFC 被动通信中,通信的发起方产生射频场,而目标方通过负载调制将数据发送给发起方。

近距离通信系统的射频接口实际上是一个电感耦合系统,即一种变压器耦合系统。作为初级线圈的发起方和作为次级线圈的目标方之间的耦合,只要线圈距离不大于 0.16 倍波长,该变压器耦合模型就是有效的。NFC 的工作频率为 13.56 MHz,波长为 22 m,因此只要 NFC 通信的发起方和目标方之间的距离不大于 3.52 m,就遵循变压器耦合模型的定义。

如果目标方固有的谐振频率与发起方的发送频率相符合,那么把目标方放入发起方天线的交变磁场,目标方就能从磁场中获取能量。目标方天线的电阻成为发起方天线回路的负载。当负载电阻发生变化时,发起方天线的电流在内阻上的电压将变化。目标方通过待发送的数据控制负载电阻的接通和断开,可以实现目标方对发起方天线电压的振幅调制,数据就在 NFC 发起方和目标方之间传输。这种传输方式称为负载调制。

6.2.2 NFC 通信过程

(1) 初始化过程

当设备 NFC 功能被开启后,需要先进行初始化,此时 NFC 芯片处于空闲状态,不产生射频场,芯片处于侦听模式。需要明白此时 NFC 芯片的状态不是上述的三种工作模式。此过程中用到 Analogue 协议,是 NFC 的物理层协议,主要定义了 NFC 的射频工作特性,如 RF 场的波形、强度及时间间隔等。

(2) 模式配置过程

NFC 应用启动后,NFC 芯片才进行模式配置,这里需要了解几个重要的参数:

① NFC 技术。这是 NFC 规范的专用词,其有 NFC-A、NFC-B 和 NFC-F,分别对应 ISO 14443A、ISO 14443B 和 Felica 技术标准,这些内容是在 NFC 的 Digital Protocol 中定义的,包括冲突检测和传输方式等内容。

② 通信模式。NFC 工作的通信模式有主动通信和被动通信。

③ 工作模式组合。(NFC 技术,POLL/LISTEN,通信模式)组定义了 NFC 具体的工作方式。例如,(NFC-A,POLL,主动通信)表示工作在读卡机模式;(NFC-A、LISTEN、被动通信)表示 NFC 工作在卡模拟模式;(NFC-F、POLL、主动通信)表示 NFC 工作在 P2P 模式。我们可以通过给 NFC 芯片配置多个这样的参数组来满足特定的通信场景。

除上述参数外,还有一些其他的参数,如 RF 协议(ISO-DEP/NFC-DEP 等)、传输速率、最大数据负载长度等。

这些内容在 Digital Protocol 和 Activity Protocol 中定义,Digital 中定义数据帧格式、编码方式等,但怎么使用和选择 Digital 中的定义的帧来进行通信,则在 Activity 中进行定义。Activity 定义多种流程图和状态转移图,描述 Digital 规范中的内容如何工作和实现,我们可将 Activity Protocol 认为是 Digital Protocol 的补充。

这个过程中涉及 TYPE1~4 TAG OPERATION 等多个协议;规定怎么从 TYPE1/2/3/4 中读写 NDEF 消息。TYPE1/2 对应着 ISO 14443 TYPE-A 标准,TYPE3 对应索尼公司的 Felica 标准,TYPE4 是开放的 Tag 标准,即 ISO 14443TYPE-A、ISO 14443TYPE-B 和 ISO 7816-4。这些内容和 ISO 14443/18092 射频协议里面许多内容有相似之处。

(3) 发现和激活过程

工作模式配置好之后,若配置为 POLL,则主设备 NFC 芯片将会自动打开射频场,并根据配置模式开始发现目标设备的过程,探测周围的 NFC 目标设备。在 NFC 相关规范中,探测发现过程调用协议的顺序为 NFC-A→NFC-B→NFC-F→私有定制标准。如果发现有多个 NFC 目标设备或一个 NFC 目标设备却支持多种射频协议,则 NFC 芯片会报告目标设备给主设备的应用,让上层应用来选择目标设备。若配置为 LISTEN,则主设备 NFC 芯片会等待对方设备发出的 POLL 指令,收到指令后进行响应。

当主设备和目标设备配对完成后,自动进行激活。如果使用了 NFC-DEP 数据传输协议,那么就需要建立和执行 ATR_REQ/RES 流程。

(4)链路激活/卡模拟过程

如果是进行 P2P 数据通信,则会调用 LLCP(logical link control protocol/逻辑链路控制协议)建立数据传输链路,链路建立激活后就可进行数据通信,如名片交换、文件传输等功能就用的这种方式。LLCP 规定了链路的创建、拆除、维护等功能,也定义了提供面向连接和无连接的服务方式等。这个过程还会用到 SNEP(simple NDEF exchange protocol),它定义了在 P2P 模式下如何进行 NDEF(NFC data exchange format,NFC 数据交互格式)消息的交互,即数据传输等具体实现。

移动端 NFC 技术
相关知识原理

如果是进行卡模拟过程,则要引入 SE(安全单元,之前也称为 NFCEE)及 NCI(NFC controller interface,NFC 控制接口)规范。SE 主要规定安全和信息保护加密方面的一些规范;NCI 的作用则是将 DH(device host,设备主机)和 NFCC(NFC 芯片,如 PN544 等)之间的消息标准化,从而可以实现主机 CPU 和 NFC 芯片的适配。

NFC 通信流程如图 6.2.3 所示。

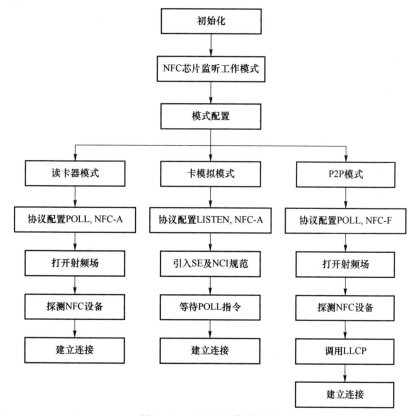

图 6.2.3 NFC 通信流程图

6.3 硬件基础

6.3.1 天线基础

无线通信设备终端产生的信号功率被传输到天线,并通过天线这个媒介,将能量转化为电磁波形式,经过无线空间的传播,再被接收端的天线接收下来,接收到的功率送到无线通信设备终端进行下一步的处理。在这个通信过程中,天线是作为有线传输和无线传输之间的媒介出现的,天线的一头连接馈线电缆,另一头就连接着整个传播空间。虽然在整个无线传输的过程中损耗很大,只有一小部分的能量可以被天线接收到,但天线作为有线与无线的媒介,是极其重要的无线电通信设备,如果没有天线做能量转化,也就没有无线通信。[38]

天线的品种很多,分类方式也有很多种,可以在不同的场合、用途、频率、要求下使用性能不同的天线。下面简单地介绍几种天线的分类:

- 按照天线的方向性分类,可以分为全向天线、定向天线等。全向天线向整个空间辐射电磁波,而定向天线则只向指定方向辐射电磁波,相比起来,定向天线效率更高,但是使用中必须指向接收天线的方向,否则对性能影响较大。
- 按照工作频段分类,可以分为短波天线、超短波天线、微波天线等。这些天线工作在不同的频率,性质就有很大的不同,简单来说,频率越高的天线,波长越短,根据波长与天线尺寸之间的正比关系,频率越高的天线,其尺寸就可以越小,同时功耗低一些,而频率越低的天线,波长越长,天线尺寸就必须做大,但其产生的电磁波的绕射性能就比较好。
- 按照天线的外形分类,可分为线状的、面状的、单根的、阵列的等,性能也各有优劣。
- 按照用途分类,用作无线通信的称为通信天线,用作接收电视信号的称为电视天线等。

传统天线通过向空中辐射电磁波来传输电磁信号,天线工作于远区场,如手机天线,需要接收几百米直到十几千米外的基站信号;收音机天线,需要接收几十、几百千米外的发射塔信号。为了能把电磁信号辐射到空中,天线的长度需要和工作波长相比拟。例如,简单的半波偶极子天线长度是 $\frac{1}{2}$ 波长,单极子天线长度是 $\frac{1}{4}$ 波长。

我们知道 NFC 的工作频率是 13.56 MHz,如果按照传统天线的标准来设计 NFC 天线,对应的半波偶极子天线和单极子天线尺寸分别约为:11.06 m 和 5.03 m。然而 NFC 的应用场景大多是信息交流、手机支付等便携式场景,传统的天线设计并不适用于 NFC。NFC 从 RFID 技术发展而来,因此,很多方面与 RFID 很相似,两者都是使用电磁感应进行能量和信息的传递。

NFC 使用线圈天线,即用某种材料,比如铜线,按照一定的形状绕几圈形成的天线。在铜线的两端加上激励就可以发射信号。线圈之间是通过电感耦合来进行通信的,当在线圈通过变化的电流时,在它的周围将建立起感应磁场。如果两个线圈的磁场存在相互作用,就称这两个线圈是具有磁耦合的线圈。而具有磁耦合的两个或两个以上的线圈,又被称为耦合线圈。在图 6.3.1 中,NFC 读取器在天线上激发 13.56 MHz 的电流,此时在空间中会产生一个感应磁场。当 NFC 标签靠近 NFC 读取器时,双方的天线相互耦合,在 NFC 标签的天线中会出现感应电流,通过读取该感应电流建立通信。

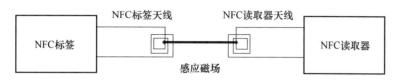

图 6.3.1 NFC 标签和 NFC 读取器天线示意图

6.3.2 天线结构

如图 6.3.2 所示,NFC 的天线结构主要为螺旋绕制的线圈形式,一般由绕线/印刷/蚀刻工艺制作的电路线圈与抗干扰能力的铁氧体材料组成,超材料基板和可重构元件等手段也应用到 NFC 的天线设计中。

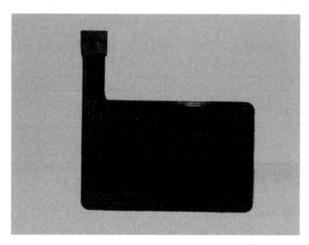

图 6.3.2 NFC 天线

6.3.3 安装方式

可分为外置和内置,其中内置还包括壳体集成、键盘集成、SIM 卡集成等集成设置。

6.3.4 NFC 天线发展

2004 年索尼公司首先提出了一种设置于便携通信装置中的线圆天线,可以与 LC 卡中的线圈天线在近距离进行通信交互,该专利作为 NFC 天线的雏形,为 NFC 天线领域后续的改进和发展奠定基础。

2005 年,三星电子株式会社在专利申请 KR20050004029 中提出了一种外置的 NFC 天线,该天线置于手机装饰性挂件中,在另一专利申请 KR20050067609 中提出了一种内置于便携式终端的 NFC 天线;同年,美国摩托罗拉公司也提出了一种内置的 NFC 天线,该天线位于手机盖板的内表面上,围绕键盘区设置。2006 年,索尼公司提出了将 NFC 天线与其他射频天线共同设置的技术方案。

2007 年,索尼公司将 NFC 天线绕制在导磁材料制成的磁芯上,从而使 NFC 天线的性能参数得到进一步增强。从 2008 年至今,每年均有新的天线集成方式被提出。

6.4 软 件 基 础

6.4.1 NFC 标准架构

NFC Forum 作为 NFC 技术的推动者,不仅制定底层的通信标准,而且针对卡模拟、读写、点对点这三种模式定义上层应用规范和接口规范。NFC Forum 还制定测试规范及认证规范,目的就是保证 NFC 产品之间互联互通。NFC Forum 标准框架如图 6.4.1 所示。

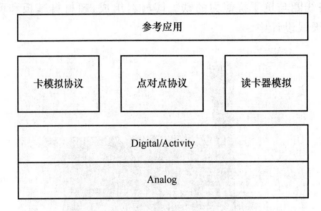

图 6.4.1　NFC Forum 标准协议架构

Analog 规范定义了 NFC 设备射频的模拟特性。这里的 NFC 设备是指处于点对点模式的发起方设备和目标方设备、读写模式的设备和卡模拟模式的设备。这些设备可以工作在 NFCA、NFCB 和 NFCF 三种技术下,以及 106 kbit/s/212 kbit/s/424 kbit/s 速率下(由于主动通信模式还未正式加入 Analog 规范,因此本节未列举 848 kbit/s)。"技术"是 NFC 标准中的一组传输参数,如射频载波、通信模式、比特率、调制方式、帧格式等。简单来说,NFC-A 的参数兼容 ISO 18092 和 ISO 14443A,NFC-B 的参数兼容 ISO 14443B,NFC-F 的参数兼容 ISO 18092 和 JSX 6319-4(Felica)。

Analog 规范没有给出天线的设计方案,它主要是通过一个外部的观测设备来评估 NFC 设备射频模拟特性参数,指导天线设计人员如何进行参数取值。这些特性包括功率需求、传输需求、接收需求和信号的形式(如时间、频率、调制特性等)。

Digital 规范规定了 NFC-A、NFC-B 和 NFC-F 三种技术的编码格式、调制方式、传输速率、帧格式、传输协议和命令集。同时,Digital 规范覆盖了 NFC 设备的四种角色:发起方、目标方、读写器和卡模拟设备。NFC 设备分为轮询设备和侦听设备。轮询设备是工作在轮询模式下的 NFC 设备,如读写器;侦听设备是工作在侦听模式下的 NFC 设备,如 NFC 标签或卡模拟设备。

Digital 规范中定义了 NFC 通信的基本功能,Activity 规范定义了如何使用 Digital 规范中的内容来建立通信。例如,在轮询模式下什么时候执行冲突发现等。

Analog、Digital 和 Activity 规范是 NFC Forum 标准架构的基础,NFC 的三种工作模式都基于这三个底层通信协议。在此之上,NFC Forum 针对不同的工作模式定义了不同的协议规范。此外,针对这三种工作模式制定了一些参考应用规范。

6.4.2　NFC 协议族

NFC 技术最早由飞利浦、索尼和诺基亚主推的开放技术规格 NFCIP-1 发展而来,其标准草案先被提交给欧洲计算机厂商协会(ECMA),被认可为 ECMA-340 标准;再由 ECMA 提交给 ISO/IEC,也已被批准纳入 ISO/IEC 18092 标准。2003 年,NFCIP-1 还被欧洲电信标准协会(ETSI)批准为 TS 102 190 V1.1.1 标准。为了兼容非接触式智能卡,NFC 论坛于 2004 年又推出了 NFCIP-2 规范,并被相关组织分别批准为 ECMA-352、ISO/IEC 21481 和 ETSI TS 102 312 V1.1.1 标准。

其中,NFCIP-1 标准详细规定了 NFC 设备的调制方案、编码、传输速度与射频接口的帧格式,以及主动与被动 NFC 模式初始化过程中数据冲突控制所需的初始化方案和条件。此外,NFCIP-1 还定义了 NFC 装置工作在 13.56 MHz 射频上以感应耦合的方式与其他设备相互连接的通信模式。其中,通信模式又可以分为主动模式和被动模式两种方式作感应耦合连接。两种模式都可以在 106 kbit/s、212 kbit/s、424 kbit/s 的传输速率下工作,但被动模式的工作范围是 10 cm,主动模式是 20 cm。区别于一般非接触智能卡只能一对一存取资料的方式,NFCIP-1 能够以时隙的方式进行双工工作,因此可以同时与多个 NFC 装置相互传送和接收资料。

NFCIP-2 则指定了一种灵活的网关系统,用来对三种操作模式进行检测和选择。三种模式分别是:NFC 卡模拟模式、读写器模式和点对点通信模式。选择既定模式以后,按照所选的模式进行后续动作。网关标准还具体规定了射频接口测试方法(在 ISO/IEC 22536 和 ECMA-356 标准中)和协议测试方法(在 ISO/IEC 23917 和 ECMA-362 标准中)。这意味着符合 NFCIP-2 规范的产品将可以用作 ISO/IEC 14443A 和 ISO/IEC 14443B 以及 Felica (Proximity Cards)和 ISO 15693(Vicinity Cards)的读写器。

上文中出现了许多不同的标准名称,但实际上是不同组织对同一种协议的不同描述而已。图 6.4.2 表示了同一协议的不同名字以及各种协议之间的归属关系。

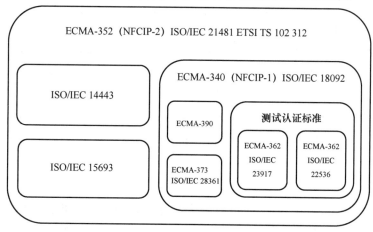

图 6.4.2　NFC 协议族归属关系

6.5 工作模式

最直白理解 NFC
开发的三种工作模式

6.5.1 读写器模式

NFC Forum 制定了一套规范来支持读写器模式,如图 6.5.1 所示。

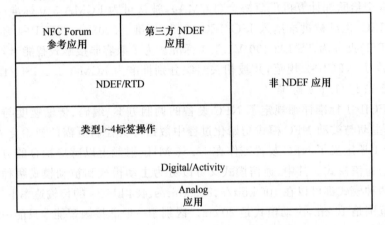

图 6.5.1 读写器标准架构

NFC Forum 定义了四种类型的标签:

(1) 类型 1:该标签是基于 ISO 14443A 的私有标签。这里"私有"的意思是指该标签尽管基于 ISO 14443A,但是采用了私有的加密算法。类型 1 标签主要是与 InnoVISION Topaz 的产品兼容。

(2) 类型 2:该标签是基于 ISO 14443A 的私有标签,兼容的产品是恩智浦公司的 MFARE Ultralight 和 MIFARE Ultralight C。

(3) 类型 3:该标签兼容 Felica 产品。

(4) 类型 4:该标签分为类型 4A 和类型 4B,分别兼容 ISO 14443A 和 ISO 14443B。

类型 1/2/3/4 Tag Operation 定义了如何从类型 1/2/3/4 的标签中读取或写入 NDEF 消息。相应地,在 Digital 规范中定义了与这四种标签进行通信操作的标签平台(Tag Platform)NDEF 定义了 NFC 设备之间或设备与标签之间通用的数据格式。NDEF 由 RTD(record type definition)组成。RTD 定义了不同数据类型的封装格式,如 URL、智能海报、文本等。在应用层,NFC Forum 制定了基于 NDEF 的参考应用,如 Connection Handover 中的静态切换。另外,第三方应用程序可以基于 NDEF 消息进行读写器应用的开发;同时,NFC 协议栈支持一些非 NDEF 应用。[39]

6.5.2 卡模拟模式

在卡模拟模式下,NFC Forum 没有制定其他规范来支持该模式,如图 6.5.2 所示。 ISO 14443 相关的内容都已经包含在 Digital/ Activity 和 Analog 规范中。应用层一般由应用开发者完成,比如在智能手机上开发一个模拟卡的应用,其他手机靠近后可以读取其中的内容。NFC 协议栈为开发者提供了通信通道和读取命令,但是数据内容如何解析,用户界面如何设计,就不是 NFC 协议栈的任务。尽管 NFC Forum 制定了 NDEF(NFC data exchange format)规范,但是在卡模拟模式的标准架构中没有给出倾向性的主要原因是目前市面上大部分 ISO 14443/15693 的基础设施还不支持 NDEF 格式,而且就目前而言,卡模拟模式的应用比点对点和读卡器模式更广泛。因此,为了兼容这些基础设施,NFC Forum 没有给建议,完全由应用开发或服务提供商来决定其数据格式。[40]

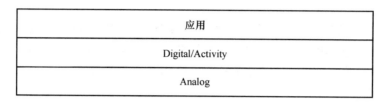

图 6.5.2　卡模拟标准架构

6.5.3　点对点模式

NFC Forum 点对点通信的标准架构如图 6.5.3 所示。

NFC Forum 参考应用	应用	
SNEP	IP/OBEX	其他协议
NDEF/RTD	协议适配	
LLCP		
Digital/Activity		
Analog		

图 6.5.3　点对点标准架构

NFC Forum 定义了 LLCP(logical link control protocol)作为点对点通信的逻辑链路管理协议。LLCP 主要负责链路的激活、去激活和维护,为上层应用提供面向连接的服务和非连接服务,并提供协议复用和异步平衡模式等功能。

LLCP 层之上可以是基于 NDEF 的应用,也可以是在 NFC Forum 注册的协议,如 IP、OBEX。如果应用层基于这两种协议,那么 NFC Forum 针对这两个协议分别定义了一个适配协议,用于将 IP 和 OBEX 的协议数据映射进 LCP 的帧格式。目前,除这两个协议外,如果应用开发者希望使用 LLCP 的功能,需要自己完成映射关系。目前 NFC Forum 只提供 IP 和 OBEX 的映射。

SNEP(simple NDEF exchange protocol,简单 NDEF 交换协议)用于在点对点模式下两个 NFC 设备通过请求/响应的方式进行 NDEF 消息的交换。SNEP 是基于 LLCP 的面向连接服务。基于 SNEP，NFC Forum 也制定了相关的参考应用，如 Connection Handover。这里需要注意的是，NFC Forum 制定的参考应用规范，即 RAF 组的规范，没有强制力，是 NFC Forum 为了推广 NFC 应用而制定的一个参考性规范。上层应用可以基于 SNEP，也可以基于 IP 或 OBEX，或者直接基于 LLCP。

6.6 卡与标签

尽管近几年搭载 NFC 技术的智能手机数量逐渐增多，但是现阶段 NFC 应用的载体依然是 NFC 卡和标签，因此了解 NFC 卡和标签有助于我们加深对 NFC 的认知。NFC Forum 作为 NFC 技术规范的制定者规定了以下 NFC 标签类型。

（1）第一类标签（Type1）

Type1 标签规则的制定基于 ISO/IEC 14443A 标准。此类标签具有可读和重新写入的能力，用户也可手动将其配置成只读。基础内存大小为 96 字节，可用来存储网址 URL 或其他小量数据。若内存不够用，该标签支持将内存扩展到 2 000 字节。标签通信速度为 106 kbit/s。此类标签功能简介，因而成本效益较好，适用于许多 NFC 应用。代表产品是 InnoVISION 公司的 Topaz 标签。

（2）第二类标签（Type2）

Type2 标签也是基于 ISO/IEC 14443A 标准制定。此类标签具有可读和重新写入的能力，用户可手动将其配置成只读。与 Type1 不同的是，Type2 的基础内存大小为 48 字节，但是同样可以扩展至 2 000 字节。标签的通信速度为 106 kbit/s。代表产品是恩智浦公司的 Mifare Ultralight。[41]

（3）第三类标签（Type3）

Type3 标签基于日本工业标准（JIS）X6319-4 制定。此类标签在制作时就将标签预先配置为可读取和可重写模式，或是只读模式。内存大小最大可达 1MB。标签的通信速度为 212kbit/s。代表产品是 Sony Felica。

（4）第四类标签（Type4）

Type4 标签与 ISO/IEC 14443（A/B）标准系列完全兼容。此类标签在制作时预先配置为可读取和可重写模式，或是只读模式。内存大小最大可达 32 000 字节。对于标签的通信可以使用 ISO 7816-4 规定的 APDU。标签的通信速度介于 106 kbit/s 和 424 kbit/s 之间。代表产品有恩智浦 DESifre，带有 JCOP 的恩智浦 SmartMX。[42]

课后习题

NFC 标签的
应用有哪些

6.1 请简要介绍 NFC 的两种通信方式。

6.2 NFC 通信的原理是什么？

6.3 请写出 NFC 的三种工作模式。

6.4 请写出 NFC 的应用领域及其应用场景。

6.5 请简要描述 NFC 的通信过程。

6.6 NFC 天线是否与传统天线相同？如果不同，请写出 NFC 天线的工作原理。

6.7 NFC 协议族包含哪些协议？它们的包含关系是什么样的？

6.8 NFC 标签有哪几类？分别应用了什么协议？

第 7 章　测试技术及标准

　　所有智能卡在正式投入使用前都要经过测试,智能卡测试能够全面、准确地把握住卡片的磨损、老化、劣化、腐蚀的部位和程度以及其他有关情况。在此基础上进行早期调整和追踪,可以提高卡片的使用寿命。这样,一方面可以在避免设备事故的条件下,减少由于不掌握设备磨损情况而盲目拆卸给机器带来的损伤;另一方面可以减少停止运行带来的经济损失。

7.1　概　　述

　　为了保证识别卡的可靠性和可用性,1993 年国际标准化组织制定了测试标准——ISO/IEC 10373《识别卡测试方法》,我国于 1998 年正式颁布国家标准 GB/T 17554《识别卡测试方法》该标准等同采用国际标准 ISO/IEC 10373:1993,它规定了磁卡、IC 卡和光卡等识别卡一般特性的测试方法。为适应识别卡技术的快速发展,1998 年 ISO/IEC JTC1 SC17 对 ISO/IEC 10373:1993 进行了修订,根据识别卡的不同特性修订为系列标准,共分为 7 个部分。

　　第 1 部分:一般特性

　　第 2 部分:磁条卡

　　第 3 部分:接触式集成电路卡及其相关接口设备

　　第 4 部分:非接触式集成电路卡

　　第 5 部分:光记忆卡

　　第 6 部分:接近式卡

　　第 7 部分:邻近式卡

　　本章将介绍接触式 IC 卡及接口设备和非接触式 IC 卡的测试方法。

　　测试应在温度为(23±3)℃和相对湿度为 40%～60%的环境下进行,要求预处理,在测试前应将待测试的卡在上述测试环境中放置 24 h。

　　测试设备的特性和测试方法规程给出的量值默认容差为±5%。

　　另外,在 IC 卡的整个生命周期内要经历"设计与制造、初始化……"等多个阶段,在每个阶段都应满足功能与安全的要求,尤其在设计与制造阶段要通过多个部门的合作、多个步骤的实现才能完成任务,而且每一步操作都可能产生废品,因此几乎在每一工序后都要进行详细测试。否则,可能会给最后的成品带来极大危害,甚至整批 IC 卡报废。

当 IC 卡制造出来以后,从安全出发,外部对其进行的任何操作都是通过 COS(卡内操作系统)实现的,因此无论是在设计阶段还是设计完成后对 COS 的测试都是极为重要,在本章 7.5 节将介绍智能卡操作系统的测试原理和测试步骤。

7.2 IC 卡的一般特性测试

在国际标准 ISO/IEC 10373-1 中主要描述了 IC 卡一般特性的测试方法。

根据卡的不同特性,规定了可选择的测试项目(表 7.2.1)。

表 7.2.1 按照卡所呈现的特征选择测试

测试方法	所有的卡	带有凸印的卡	带有磁条的卡	带有 IC 的卡	带有 CIC 的卡	带有 OMA 的卡
卡的翘曲	√	√	√	√	√	√
卡的尺寸	√	√	√	√	√	√
剥离强度	√	√	√	√	√	√
耐化学性	√	√	√	√	√	√
在给定温度和湿度条件下卡尺寸的稳定性和翘曲	√	√	√	√	√	√
粘连或并块	√	√	√	√	√	√
弯曲韧性	√	√	√	√	√	√
动态弯曲应力	—	—	—	√	√	√
动态扭曲应力	—	—	—	√	√	√
阻燃性	—	—	—	—	—	—
阻光度	√	√	√	√	√	√
紫外线	—	—	—	√	√	√
X 射线	—	—	—	√	√	√
电磁场	—	—	—	√	√	√
字符凸印的起伏高度	—	√	—	—	—	—
抗热度	√	√	√	√	√	√

注:(a) IC=集成电路卡

(b) CIC=非接触式集成电路卡

(c) OMA=光存储区(光记忆卡)

(d) 仅当应用特定要求时,才进行可燃性测试

1. 卡的翘曲

翘曲是智能卡相对平面的偏离。智能卡在实际使用的过程中,往往要经受多次弯曲,因此需要测量卡的翘曲程度,保证卡的使用寿命。

将卡放在测量仪器(如图 7.2.1 所示)的水平刚性平台上,至少卡的三个角应搁置在该

平台上（卡翘曲与平台成凸形）。从卡的正面测量在测量设备上读出最大偏移点处的翘曲值。不带凸印的卡翘曲值不大于 1.5 mm；带凸印的卡，翘曲值不大于 2.5 mm。

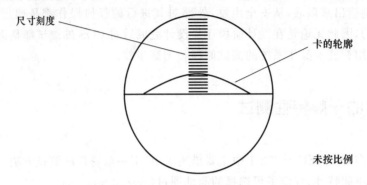

图 7.2.1　翘曲测量投影仪器视图

2. 卡的尺寸

测量卡的高度、宽度和厚度。

将卡放在水平刚性平台上，施加一定压力使之平整，然后测量其尺寸是否符合 ISO/IEC 7810 的要求。

3. 剥离强度

构成卡结构的各层材料应黏合在一起，每一层都应具有 0.35 N/mm 的最小剥离强度。如果在测试期间由于黏合强度大于层而使层被撕破，则自动判定为可接收。注意，卡的艺术设计直接影响到迭片结构的黏合强度。某些印刷墨水可以防止卡不符合分层要求。

测量卡各层之间的黏合强度，在专用仪器上进行。

4. 耐化学性

确定各种化学污染对卡的有害影响分短期污染和长期污染两种情况。

短期污染的测试溶液为氯化钠、醋酸、碳酸钠酒精蔗糖燃料 B（见 ISO 817:1985）和乙二醇。卡暴露在溶液中的时间为 1 min，长期污染的测试溶液为盐雾、碱溶液和酸溶液，卡暴露在溶液中的时间为 24 h。

进行上述测试后，对卡应不存在任何有害影响。[43]

5. 在给定的温度和温度条件下卡尺寸的稳定性和翘曲

将卡放在水平的平坦平台上，并按下面列出的顺序暴露在每种环境下 60 min。

（1）（−35±3）℃；

（2）（50±3）℃，相对湿度（95±5）％。

6. 粘连或并块

将 5 张卡一组堆积，在顶部卡表面上施加（2.5±0.13）kPa 的均匀压力，将堆积的卡暴露在温度（40±3）℃、相对湿度 40％～60％的环境下 48 h，检查各张卡由于该测试所引起的可视损伤，包括下列内容的任何程度的损伤。

（1）分层。

（2）褪色或色彩转移。

（3）表面光洁度的变化。

（4）从一张卡到相邻卡的物质转移。

（5）当与测试前的卡外观比较时，卡的变形。

7. 弯曲韧性

弯曲韧性应是在正常使用（弯曲但不折）条件下，能被记录或打印设备移位但不损害卡功能的变形。

将等价于 0.7 N 的负载施加在卡的整个右边的 3 mm 范围内 1 min，测量出负载下的偏移值与移去负载后相对于原始状态相对的变形值。

8. 动态弯曲应力

将卡放置在测试仪器上，对卡施加规定的应力，进行弯曲实验，重复指定的次数，确定弯曲应力对卡的任何机械或功能上的不利影响。

9. 动态扭曲

将卡放置在测试仪器上，将测试频率置为 0.5 Hz，将扭转角置为（15±1）°，并执行规定的扭曲循环次数（如 1 000 次），确定扭应力对卡的任何机械或功能上的不利影响。

10. 可燃性

在带有喷嘴直径为 8～10 mm 的本生灯产生的稳定蓝色火焰下燃烧卡 30 s，然后卡离开火焰，测量卡本身的火焰熄灭所用的时间和卡被烧毁的长度。

11. 阻光度

测量规定区域内卡的最小阻光度以及找到它的位置和波长范围。

12. 紫外线

测量由于卡暴露在紫外线下而引起的有害影响。

13. X 射线

卡的两面暴露在具有 100 keV 加速电压的 X 射线辐射下，功能应正常。

14. 电磁场

卡暴露在 79 500 A/m 的磁场中不应造成卡的失效。

15. 字符凸印的起伏高度

使用千分尺以 3.5～5.9 N 的力来测量卡上任何一个字符的凸印高度。

16. 抗热度

暴露在（50±1）℃、湿度小于 60％ 的条件下，ID1 规格卡变形不应大于 10 mm，分层或褪色。

在以上各项测试结束后，应分别检查被测卡的功能。

本节未介绍测试仪器以及一些具体测试参数，如欲知道请查阅 ISO/TEC 10373-1。

7.3　接触式 IC 卡物理特性和电气特性测试方法

接触式 IC 卡物理特性和电气特性是卡片在使用过程中会影响卡片寿命的重要因素，因此检测 IC 卡物理特性和电气特性有着重要意义。

7.3.1 接触式 IC 卡物理特性测试方法

1. 触点的尺寸和位置

测试每个触点是否符合 ISO/IEC 7816-2 规定的最小区域,并检查该区域是否完全由触点的金属表面覆盖,以及该触点是否与其他的触点相连。

2. 静电

测试静电电位对 IC 卡的影响,测试方法见 GJB 548A—1996 方法 3015。根据实际应用,选择 IC 卡能承受的电压限值。

3. 触点的表面电阻

将两个测试探针加到 IC 卡触点上,测量加在两个触点上的测试探针之间的电阻,可设定触点表面的最大允许电阻为 500 mΩ。

4. 触点表面轮廓

测量 IC 卡触点和 IC 卡表面之间的厚度差别,向上不超过 0.05 mm,向下不超过 0.1 mm。

5. 机械强度

卡应能在一定范围内抵抗对其表面及其任何组成部件的损害,并在正常使用、保存和处理过程中保持完好。

(1)当芯片面积小于 4 mm² 时,机械强度测试采用以下方法:每个触点表面和触点区域(整个导电表面)在相当于对直径 1 mm 的钢球施加 1.5 N 的工作压力下不应被破坏。

(2)当芯片面积大于或等于 4 mm² 时,机械强度测试采用三轮方法:将 ICC 触点在三个钢制滚轮间往复移动 50 次,滚轮向卡施加的力为 8 N,以确定其机械可靠性。

7.3.2 测试设备

为了测试 IC 卡的电气特性和逻辑操作功能,需要一台能仿真接口设备的装置(即 ICC 的测试设备),这台设备的各触点能提供比正常操作时更宽的电压和电流变化范围及时序信号,并能仿真 T=0 或/和 T=1 协议,运行测试程序。

例如,ICC 的测试设备能够产生表 7.3.1 所示的 VCC 触点上的电压(V_{CC})及其上升、下降时间。

表 7.3.1　VCC 电压(V_{CC})和时间

参　数	ICC 类	范　围	精　度
V_{CC}	A 类	−1~6 V	±50 mV
	B 类	−1~4 V	±30 mV
t_R , t_F	A 类, B 类	500 μs	±100 μs

同样,为了测试接口设备的电气特性和逻辑操作功能,需要一台能仿真 ICC 的装置(即 IFD 的测试设备),这台装置能够实现接口设备对 ICC 各触点的电流和电压的要求,并能仿真 T=0 或/和 T=1 协议,运行测试程序。[44]

7.3.3　接触式 IC 卡电气特性测试方法

1. VCC 触点

测量卡在 VCC 触点上所消耗的电流,并检测在给定的 V_{cc} 范围内〔$(1\pm5\%)V_{cc}$〕,IC 卡能否工作。

2. I/O 触点

测量 I/O 触点的接触电容。测量 IC 卡发送数据时在正常工作模式下($I_{OL}\max/\min$ 和 $I_{OH}\max/\min$)的输出电压(V_{OH},V_{OL})以及 I/O 端的上升沿 t_R 和下降沿 t_F;接收数据时 I/O 端的输入电流(I_{IL})。

3. CLK 触点

在卡支持的电压下,测量 IC 卡 CLK 触点的电流,检测 IC 卡在一给定时钟频率和波形下能否运行。

4. RST 触点

测量卡在 RST 触点上所消耗的电流,并检测 RST 信号在允许的最小和最大时间值范围内和给定的电压值下 IC 卡能否正常工作。

5. VPP 触点

本测试适用于:在 A 类操作条件下,IC 卡在 ATR 期间需要 V_{PP} 的情形。如果 IC 卡需要 V_{PP},测试设备将根据 IC 卡的要求写一段程序(视应用和协议而定)。当 IC 卡处于编程状态时,IC 卡测试设备提供 V_{PP} 并测量 I_{PP}。

7.3.4　接口设备电气特性测试方法

1. 触点激活

测量 IC 卡激活时各触点激活顺序。

2. VCC 触点

测量由 IFD VCC 触点提供的电压。

3. I/O 触点

测量 I/O 触点的接触电容;测量在正常工作条件下($I_{OL}\max/\min$ 和 $I_{OH}\max/\min$)下 I/O 触点输出电压(V_{OH},V_{OL});测量在 IFD 发送模式下 I/O 触点的 t_R 和 t_F 以及接收模式下 I/O 触点的输入电流(I_{IL})。

4. CLK 触点

测量 CLK 信号的特性。测量在 ATR 期间 CLK 触点上的 V_{IH}、V_{IL}、t_R、t_F 和占空比。

5. RST 触点

测量 RST 信号的特性。

6. VPP 触点

如果 IFD 应用要求 V_{PP},则需要测试 VPP 触点。IFD 测试仪器处于编程状态,让 IFD 输出最大电流 $I_{PP}\max$,测量 V_{PP}。

7. 触点停活

测量 IFD 触点停活时序。记录所有 IFD 触点信号的电平和时序。

7.3.5 接触式 IC 卡逻辑操作的测试方法

本节根据 ISO/IEC 7816-3 标准测试 IC 卡的逻辑操作特性,测试仪器应能产生 IC 卡所需的测试信号。

1. 复位应答

(1) 冷复位和复位应答。测试 IC 卡在冷复位期间的性能。首先激活 IC 卡,在 CLK 激活后,测试仪器在 400 个时钟周期后将 RST 设为高。如果 IC 卡返回复位应答信号,则从 ATR 中至少选择一个字符(随机选择),作为传输错误。然后,IC 卡运行一段测试程序,测试并分析复位期间 IC 卡发送数据的电平、时序和内容。

(2) 热复位。测试 IC 卡在热复位期间的性能。首先激活和复位 IC 卡,运行一段程序,产生一个 400 个时钟周期的热复位。如果 IC 卡有复位应答,则从 ATR 中至少选择一个字符(随机选择),认为是传输错误。测试并分析复位周期 IC 卡发送数据的电平、时序和内容。

(3) A 类操作的选择。测试 B 类 IC 卡在 A 类操作条件下的行为。只有 B 类 IC 卡才有此操作。

在 A 类条件下激活和复位 IC 卡;至少等待 1 s,停活 IC 卡,等待 10 ms,在 B 类条件下激活并复位 IC 卡。测试各触点所有信号的变化(电平和时序)。

2. $T=0$ 协议

(1) $T=0$ 协议的 I/O 发送时序。测试 IC 卡数据发送的时序。IC 卡以正常的位时序参数运行一段测试程序,在 PPS 的控制下,改变 ETU 因子(通过改变 F 和 D),每提供一个 ETU,IC 卡以正常的位时序参数运行一段测试程序。

(2) $T=0$ 协议的 I/O 字符重发。测试 IC 卡的字符重发的时序和用法。IC 卡以正常的位时序参数运行一段测试程序。IC 卡每发送一个字节,产生 1 个错误状态,连续 5 次,该 5 个状态具有最小的宽度(letu$+t$),从起始位的前沿到错误位的前沿的时间最小〔(10.5$-$0.2)etu$+t$〕;该 5 个状态具有最大的宽度(2etu$-t$),从起始位的前沿到错误位的前沿的时间最大〔(10.5$+$0.2)etu$-t$〕,测试所有信号的变化(电平和时序)以及通信内容。

注:t 是由测试设备精度造成的。

(3) $T=0$ 协议下,I/O 接收时序和出错信号。测试 IC 卡的接收时序和出错信号。IC 卡运行一段测试程序,在一个字节的有效位发送完成后,发送错误的奇偶校验位,连续执行 5 次。在 PPS 的控制下,每提供一个 ETU 因子重复上述过程。测试所有信号的变化(电平和时序)以及通信内容。

3. $T=1$ 协议

(1) $T=1$ 协议下 I/O 发送时序。测试 IC 卡数据发送的时序。IC 卡运行一段至少 1 s、带有正常位时序,在复位应答的 N 个字符中两个连续字符之间的延时最小、$T=1$ 协议的典型应用程序。在 PPS 的控制下,每提供一个 ETU 因子,重复上述过程。测试所有信号的变化(电平和时序)以及通信内容。

(2) $T=1$ 协议下 I/O 接收时序。测试 IC 卡在 $T=1$ 协议下数据接收的时序。在 IC 卡测试仪器上设置如下位时序参数,IC 卡运行一段至少 1 s 时间的 $T=1$ 协议的应用程序。在 PPS 的控制下,每提供一个 ETU 因子,重复上述过程。测试所有信号的变化(电平和时序)以及通信内容。

（3）IC 卡字符等待时间特性，测试 IC 卡关于 CWT 的反应，选定一个至少有两个字节的透明文件，按照复位应答指定的 CWT，向 IC 卡发送具有 n 个字节的数据块，记录 IC 卡响应是否存在以及响应的内容和时序。

（4）IC 卡对接口设备超过字符等待时间的反应。测试当接口设备超过字符等待时间时，IC 卡的反应。记录 IC 卡响应是否存在，响应的内容和时序。

（5）块保护时间。测试在相反方向上所发送的两个连续字符前沿之间的时间。记录从测试仪器发出的数据的最后一个字节的起始位到 IC 卡返回数据的第一个字节的起始位之间的时间。

（6）IC 卡的块传输差错的反应。发送一个错误块给 IC 卡。错误块中有 1 个或多个奇偶校验错误或块的结尾有错误的 EDC（LRC 或 CRC）。IC 卡应发送 PCB 的 $b_1 = 1$ 的 R 块，且 R 块的序列号不变，以备重发。

（7）IC 卡对协议传输差错的反应。IC 卡测试仪器发送一个错误块给 IC 卡。错误块可以是一个无效块，它带有未定义的 PCB 编码，或带有已知有错的 N(S)、N(R) 或 M 的 PCB 编码，或者 PCB 与期望的块不匹配。IC 卡应发送 PCB 的 $b_2 = 1$ 的 R 块，且 R 块的序列号不变，以备重发。

（8）由 IC 卡恢复的传送差错。分析 IC 卡对带有失序的 N(R) 的 R 块的反应。

（9）重新同步。在重新同步之后检验 IC 卡的行为。

（10）IFSD 协商。发送块 S(IFS request) 给 IC 卡，测试 IFSD 协商。

（11）由 IFD 放弃。测试卡是否支持由 IFD 所要求的块链放弃。

7.3.6 接口设备逻辑操作测试方法

1. 复位应答

（1）ICC 复位（冷复位）。激活 IFD；持续监视复位信号至少 1 s，并测试时序（与时钟信号相关）和在各触点上的时序和电平变化。

（2）ICC 复位（热复位）。由 IFD 提供热复位。测试各触点上的时序和电平。

2. $T = 0$ 协议

（1）$T = 0$ 协议，I/O 传输时序。测试 IFD 数据传输时序。

（2）$T = 0$ 协议，I/O 字符重发。测试 IFD 重发字符的使用和时序。

（3）$T = 0$ 协议，I/O 接收时序和错误信号。测试 IFD 接收时序和错误信号。

3. $T = 1$ 协议

（1）$T = 1$ 协议，I/O 发送时序。测试 IFD 数据发送时序。

（2）$T = 1$ 协议，I/O 接收时序。测试使用 $T = 1$ 协议时的 IFD 数据接收时序。

（3）IFD 字符等待时间特性。测试 IFD 对 ICC 超过字符等待时间的反应。

（4）块保护时间（block guard time，BGT）。测试反向发送的连续两字符前沿间的时间。

（5）IFD 的块排序。测试 IFD 对传输错误的反应。

（6）IFD 对传送错误的恢复。测试 IFD 对否定确认的反应。

（7）IFSC 协商。测试 IFSC 协商。

（8）通过 ICC 终止。测试链终止。

IFD 逻辑操作的测试方法与 ICC 逻辑操作的测试方法雷同,因此,对本节中的内容不再说明。本书对 ISO/IEC 10373-1 和 ISO/IEC 10373-3 进行了删节,真正需要进行测试工作的人员查阅标准原文。

7.4 非接触式卡测试方法

国际标准 ISO/IEC 10373-6 和 ISO/IEC 10373-7 规定了非接触式 IC 卡的测试方法。

ISO/IEC 10373-1 描述的是一般特性测试,同样适用于接触式和非接触式集成电路卡。

ISO/IEC 10373-6 规定的是非接触式卡-接近式卡的测试方法,目前正处于修订阶段,陆续增加了补篇 1 至补篇 5,但还未纳入正式的国际标准。ISO/IEC 10373-7 规定的是非接触式卡邻近式卡的测试方法,2008 年出版了正式的国际标准。由于这两种非接触式卡测试的原理和方法基本相同,因此本书以 ISO/IEC 10373-7 邻近式卡的测试方法为主进行介绍,在有差异的地方做了相应的注解。

除非另有规定,否则测试应在温度为 (23 ± 3)℃ 和相对湿度为 $40\%\sim60\%$ 的环境下进行。若测试方法要求预处理,在测试前应将待测试的识别卡在测试环境中放置 24 h。除非另有规定,否则默认容差为 $\pm5\%$,应适用于所给出的量值。

7.4.1 缩略语和符号

DUT:被测设备

ESD:静电放电

VCD:邻近式耦合设备

VICC:邻近式卡

f_c:工作场频率

f_{a1},f_{a2}:副载波频率

H_{max}:最大 VCD 场强

H_{min}:最小 VCD 场强

7.4.2 静电测试

本测试的目的是检验经过 ESD(静电放电)测试后 VICC(邻近式卡)的行为。被测 VICC 经受模拟的 ESD(人体模型),基本操作如图 7.4.1 所示。

1. 仪器

(1) ESD 发生器的主要规格

• 储能电容器:150 pF×$(1\pm10\%)$
• 放电电阻器:330 Ω×$(1\pm10\%)$
• 充电电阻器:50～100 MΩ 之间
• 上升时间:0.7～1 ns

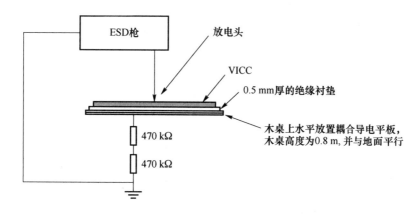

图 7.4.1 ESD 测试电路

（2）选定任选项的规范

· 设备的类型：台式设备。

· 放电方法：直接空气放电到被测设备。

· ESD 发生器放电极：直径 8 mm 的圆头探针（避免弄破卡的表面标记层）。

2. 过程

将仪器的导电板接地，板上放置 IC 卡，将卡分成 20 个测试区，以正极对图 7.4.2 所示的 20 个测试区的各个区依次放电。再以相反的极性重复此过程。允许至少 10 s 的连续脉冲间的冷却周期。

1	2	3	4	5
6	7	8	9	10
11	12	13	14	15
16	17	18	19	20

图 7.4.2 VICC 上 ESD 测试区

如果卡带有触点，则该触点的正面朝上，并且包括触点的区应不被放电。

测试结束后，检验 VICC 是否可以按预期操作。

7.4.3 VICC 和 VCD 功能测试

7.4.3.1 测试装置和测试电路

本节按照 ISO/IEC 15693-2 标准来规定测试装置和测试电路，以便按照 GB/T 22351.2 验证 VICC（邻近式卡）或者 VCD（邻近式耦合设备）的操作。

测试装置包括：校准线圈、测试 VCD 装置、参考 VICC、数字取样示波器。

1. 校准线圈

（1）校准线圈的尺寸

校准线圈卡应由具有 GB/T 14916 定义的 ID-1 型卡高度和宽度构成的一个区域组成，并包含了与卡轮廓同轴的单闸线圈如图 7.4.3 所示。

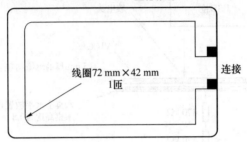

图 7.4.3　校准线圈

（2）校准线圈卡的厚度和材料

校准线圈卡的厚度应为 $0.76\,\text{mm}\times(1\pm10\%)$，它应采用一种合适的绝缘材料。

（3）线圈特性

校准线圈卡上的线圈应有 1 匝。线圈的外尺寸应为 $72\,\text{mm}\times42\,\text{mm}$，转角半径为 5 mm。相对尺寸容差应为 $\pm2\%$。

注 1：线圈面积大约为 $3\,000\,\text{mm}^2$。

该线圈在 PCB 上制作成印制线圈，铜线厚度为 $35\,\mu\text{m}$。

印制线宽度应为 $500\,\mu\text{m}$，相对容差为 $\pm20\%$。

连接焊点尺寸应为 $1.5\,\text{mm}\times1.5\,\text{mm}$。

注 2：在 13.56 MHz 条件下，电感近似为 200 nH，电阻近似为 $0.25\,\Omega$。

高阻抗示波器探针（如：大于 $1\,\text{M}\Omega$，小于 14 pF）用来测量线圈上的感应电压（开路，校准线圈、连接导线和示波器探针的谐振频率应在 60 MHz 以上）。

注 3：一个小于 35 pF 的探针寄生电容通常可保证大于 60 MHz 的谐振频率。

线圈的开路校准因子为 0.32 V(rms)A/m(rms)［相当于 900 mV（峰峰值）每 A/m(rms)］。

2. 测试 VCD 装置

负载调制测试用的仪器应由 150 mm 直径的 VCD 天线和两个平行的传感线圈组成：线圈 a 和线圈 b，如图 7.4.4 所示。连接时，使得一个线圈的感应信号与另一个线圈的感应信号相位相反。当传感线圈不被 VICC 或者任何磁性耦合电路加载时，$10\,\Omega$ 电位器 P1 用来微调平衡点。探针的电容负载（包括它的寄生电容）应不超过 14 pF。

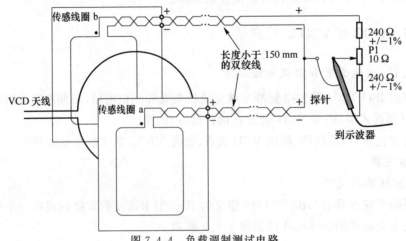

图 7.4.4　负载调制测试电路

　　为了避免装置不对称而额外带来的调谐不准的现象出现,电位器 P1 的调谐范围为 10 Ω。如果 10 Ω 的电位器 P1 不能补偿装置这一缺陷,那么应对整个装置的对称性进行校对。

　　为了达到很好的再现性,接触点和示波器探针的电容应保持在最小。

　　高阻抗示波器探针的接地线应小于 20 mm 或者同轴连接。

（1）测试 VCD 天线

　　测试 VCD 天线直径为 150 mm,其构造如图 7.4.5 所示,图 7.4.5(a)为正视图,图 7.4.5(b)为背视图。天线调谐可参阅 ISO/IEC 10373-7 的附录 B,本书中不做介绍。

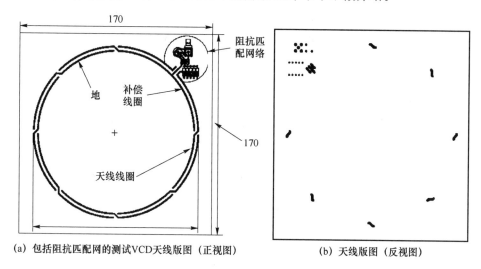

（a）包括阻抗匹配网的测试VCD天线版图（正视图）　　　　（b）天线版图（反视图）

图 7.4.5　天线结构

（2）传感线圈

　　传感线圈的尺寸是 100 mm×70 mm。

（3）测试 VCD 装置组合

　　传感线圈和测试 VCD 天线应平行地进行组合,传感线圈和天线线圈同轴,并且两个起作用的导体之间的距离为 100 mm,如图 7.4.6 所示。DUT 线圈和校准线圈到测试 VCD 天线线圈的距离应相等。

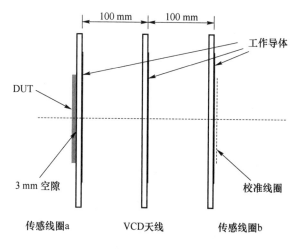

图 7.4.6　测试 VCD 装置

注：ISO/IEC 10373-6 接近式卡测试方法规定导体之间的距离为 37.5 mm。

3. 参考 VICC

参考 VICC 用来测试：

- VCD 产生的 H_{min} 和 H_{max}（在 VICC 加载的状态下）。
- VCD 把功率供给 VICC 的能力。
- 检测来自 VICC 的最小负载调制信号。

（1）用于 VCD 功率测试的参考 VICC

用于 VCD 功率测试的参考 VICC 示意图 7.4.7，功耗可分别由电阻器 R_1、R_2 设置，按照 7.4.6 小节中定义，测量 H_{min} 和 H_{max}。谐振频率可用 C_2 来调整。

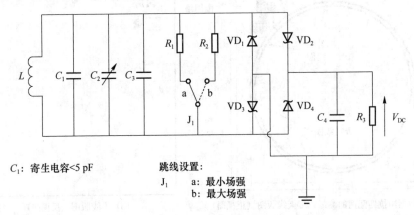

图 7.4.7 参考 VICC 电路

（2）用于负载调制测试的参考 VICC

负载调制测试的电路图如图 7.4.8 所示。负载调制可被选择为阻性调制或者容性调制。

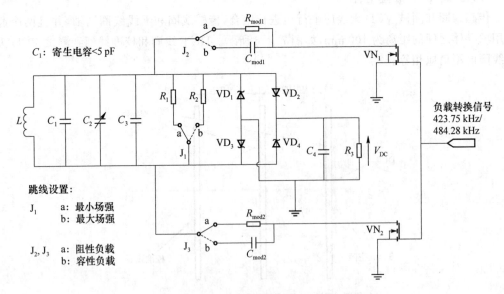

图 7.4.8 负载调制测试电路图

通过使用测试 VCD 装置来校准参考 VICC。参考 VICC 放置在 DUT 的位置上。测量负载调制信号幅值,这个振幅应符合 ISO/IEC 15693 规定的与场强值对应的最小振幅。

(3) 参考 VICC 的尺寸

参考 VICC 应包含有线圈的区域,该区域具有 ID1 型卡定义的高度和宽度。该区域外部的一个区域包含了模拟 VICC 功能需要的电路,尺寸如图 7.4.9 所示,参考 VICC 板工作区域的厚度应为 0.76 mm(1±10%)。

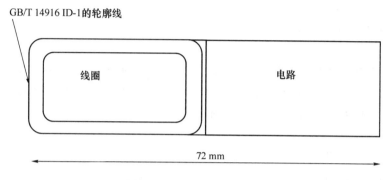

图 7.4.9　参考 VICC 尺寸

(4) 线圈特性

参考 VICC 线圈应有 4 匝,并且应与区域轮廓线同轴。线圈的外尺寸应是 72 mm × 42 mm,相对容差为±2%。该线在 PCB 上制作成印刷线圈铜线厚度为 35 μm。印刷线宽度和间距应为 500 μm,相对容差为±20%。

注:13.56 MHz 情况下电感为 3.5 μH,电阻为 1 Ω。

4. 数字取样示波器

数字取样示波器应能在最佳定标处至少有 100 Mbit/s 取样的速率,并具有至少 8 位的分辨率。该示波器应具有把所取样的数据作为文本文件来输出的能力,以便完成数学运算和其他操作,诸如使用外部软件(程序)显示数据。

7.4.3.2　测试目的和测试规程

1. 功能测试——VICC

(1) 目的

在工作场范围[150mA/m,5A/m]内确定 VICC 负载调制信号的幅度,以及在 10%、100% 调制深度情况下测试 VICC 的功能。

(2) 测试规程

① 使用图 7.4.4 的负载调制测试电路和图 7.4.6 的测试 VCD 装置组合通过调整信号发生器使得传送到测试 VCD 天线的 RF 功率达到所需要的场强和调制波形,在没有任何 VICC 条件下,使用校准线圈测量所需要的场强和调制波形,按图 7.4.4 把负载调制测试电路的输出连接到一个数字取样示波器,通过调整 10 Ω 可调电位器,尽可能减小残留载波。与短路一个传感线圈后测得的信号相比,残留载波信号应至少衰减 40 dB。

② 被测 VICC 应放置在 DUT 位置,并与传感线圈 a 同轴。通过调整信号发生器,使得传送到测试 VCD 天线的 RF 功率达到所需的场强。

注:应注意在低幅度负载调制测量时使用适当的同步方法。

对两个周期的副载波调制信号准确地进行傅里叶变换,在离散傅里叶变换时应取纯正弦信号的峰值。为了使瞬态效应减到最小,要避免副载波周期直接紧跟在一个非调制周期后面。在双副载波的情况下,测试过程应重复用于第 2 个副载波频率所得到的 $f_c + f_{s1}$、$f_c + f_{s2}$、$f_c - f_{s1}$ 和 $f_c - f_{s2}$ 频率点上的上、下边带的峰值应大于 ISO/IEC 15693-2 所定义的值。

通过测试 VCD 发送 ISO/IEC 15693-3 中定义的合适的命令序列,可以获得 VICC 信号或负载调制响应。[45]

2. 功能测试——VCD

(1) VCD 场强和功率传输

① 目的

本测试用于测量具有指定天线的 CD 在其工作区域内的场强,其中天线的工作区域与 ISO/IEC 15693-2 一致,测试使用图 7.4.7 中定义的参考 VCC,以确定被测试的 VCD 能给处于工作区域中任何位置的 VICC 提供一定的能量。

② 测试规程

H_{max} 测试的规程如下:

a. 把跳线 J_1 切换到 a。

b. 调谐参考 VCC 到 13.56 MHz。

注:参考 VICC 的谐振频率,可以使用连接了校准线圈的阻抗分析仪或者 LCR 表进行测量,测试 VICC 的线圈应放置在校准线圈 3 mm×(1±10%)处,两个线圈在同一轴线上,测量到阻抗电抗部分最大时的频率即为谐振频率。

c. 把跳线 J_1 切换到 b

d. 将测试 VCD 装置设置为产生 H_{max} 的工作条件,通过调节 R_2 校准参考 VICC,使得 $V_{DC} = 3$ V。

e. 将参考 VCC 放置在被测 VCD 定义的工作范围内。

f. 用一只高阻抗电压表所测得的 R_3 两端的直流电压(V_{DC})应不超过 3 V。

H_{min} 测试的规程如下:

a. 把跳线 J_1 切换到 a。

b. 调谐参考 VICC 到 13.56 MHz。

c. 将测试 VCD 装置设置为产生 H 的工作条件,通过调节 R_1 校准参考 VICC,使得 $V_{DC} = 3$ V。

d. 将参考 VICC 放置在被测 VCD 定义的工作范围内。

e. 用一只高阻抗电压表测量电阻器 R_3 两端的直流电压(V_{DC})应超过 3 V。

(2) 调制指数和波形

① 目的

本测试是用来确定 VCD 场的调制指数,以及上升时间值、下降时间值及过冲值。

② 测试规程

校准线圈可放置在定义的工作区域中的任何地方,调制指数和波形特性可以根据适合的示波器上所显示的该线圈上的感应电压来确定。

(3) 负载调制接收

本测试可用来验证 VCD 是否正确地检测到符合 ISO/IEC 15693-2 的 VICC 的负载调

制。假定 VCD 能示出已正确接收到测试 VICC 产生的负载波。

3. 工作场强测试

（1）目的

本试验的目的是检验 VICC 在规定的 $H_{min} \sim H_{max}$ 的场强范围内是否有预期操作。

（2）测试过程

采用图 7-6 的装置，将被测试的 VICC 放置在其中一个传感线圈的位置。VCD 输出到 VICC 位置的场强从 H_{min}，即 150 mA/m 开始，VCD 发出命令，检验 VICC 是否有正确的响应。场强一直到 H_{max}，即 5 A/m。

再将场强从 H_{max}，即 5 A/m 开始，VCD 发出命令，检验 VICC 是否有正确的响应。场强一直到 H_{min}，即 150 mA/m。

7.5 卡操作系统测试

卡操作系统（COS）测试的目的是保证 COS 所实现功能、性能和安全性等方面完全符合相关规范和产品的设计目标。

7.5.1 测试内容

本节提供的 COS 测试分 COS 功能测试、COS 可靠性测试和 COS 性能/指标测试三个层次。其中，COS 功能测试包括功能正确情况测试、功能异常情况测试、安全测试、参数测试和应用测试。

COS 可靠性测试包括多应用测试和防拨测试。

COS 性能/指标测试包括读写速度测试。

7.5.2 测试原理与测试步骤

1. COS 功能测试

（1）功能正确情况测试

测试目的：验证卡片的每条命令是否正确执行，并正确响应。

测试原理：在输入的参数都合法，执行的条件都具备，所执行的命令应该可以正常执行的情况下，检查所测命令是否能够正确执行设计的功能步骤。

实例见表 7.5.1。

表 7.5.1 功能正确性测试

测试项目	UPDATE BINARY 命令的功能正确情况测试
测试内容描述	测试 UPDATE BINARY 命令执行后响应数据是否成功写入文件
参考文档	ISO/IEC 7816-4

测试项目	UPDATE BINARY 命令的功能正确情况测试
测试初始条件状态	建立二进制文件'0001'并满足更新权限
测试步骤	① CLA='00'的情况 a. 取 16 字节随机数 Random b. 选择该二进制文件 c. 执行 UPDATE BINARY 命令(CLA='00',INS='D6',P1='00',P2='00',Lc='10',数据域为随机数 Random) d. 卡片返回'9000' e. 执行 READ BINARY 命令(CLA='00',INS='B0',P1='00',P2='00',Le='10') f. 读出的数据 DataOut 等于 16 字节随机数 Random1 ② CLA='04'的情况 a. 取 16 字节随机数 Random b. 选择该二进制文件 c. 通过计算将明文 Random 变为密文 EnData d. 执行 UPDATE BINARY 命令(CLA='04',INS='D6',P1='00',P2='00',Lc='18',数据域为 EnData) e. 卡片返回'9000' f. 执行 READ BINARY 命令(CLA='00',INS='B0',P1='00',P2='00',Le='10') g. 读出的数据等于 16 字节随机数 Random
测试期望结果	读出的数据等于 16 字节随机数 Random

(2) 功能异常情况测试

测试目的:验证卡片的每条命令是否对异常情况可以正确执行,并返回相应错误代码。

测试原理:输入的参数都合法,但执行的条件不具备,检测 COS 是否都返回了相应错误代码。

实例见表 7.5.2。

表 7.5.2　功能异常情况测试

测试项目	UPDATE BINARY 命令更新的文件不是二进制文件
测试内容描述	UPDATE BINARY 命令更新的文件不是二进制文件,在 IC 卡的响应中是否能返回期望的错误代码
参考文档	ISO/IEC 7816-4
测试初始条件状态	建立二进制文件'0001',建立记录文件'0002',并满足更新权限
测试步骤	① 取 16 字节随机数 Random ② 选择一个记录文件'0002' ③ 执行 UPDATE BINARY 命令(CLA='00',INS='D6',P1='00',P2='00',Lc='10',数据域为随机数 Random) ④ 卡片返回'6981'
测试期望结果	卡片返回的错误代码'6981'

（3）参数测试

测试目的：验证每条命令存在错误参数时是否可以返回期望的错误代码。

测试原理：固定所测命令参数 P1、P2、Lc 和数据域正确且不变的情况下，利用穷举法遍历每一个错误的 CLA 作为输入参数，测试 COS 是否都能正确响应错误代码。其他参数测试同理。

实例见表 7.5.3。

表 7.5.3　测试参数

测试项目	UPDATE BINARY 命令的 CLA 参数测试
测试内容描述	测试当 UPDATE BINARY 命令的 CLA 参数送入错误时，COS 是否可以不执行该命令，并返回期望的错误代码
参考文档	ISO/IEC 7816-4
测试初始条件状态	建立二进制文件 001 并满足更新权限
测试步骤	① 选择该二进制文件 ② 执行 UPDATE BINARY 命令时 CLA 参数送入 $'01'\sim'03'$，$'05'\sim'FF'$ ③ 卡片返回 $'6E00'$
测试期望结果	卡片返回 SW1SW2 为 $'6E00'$

（4）安全机制测试

测试目的：验证卡片在不满足安全状态的情况下是否可以拒绝操作。

测试原理：在操作一个基本文件时，该文件可能有一个或者多个安全控制机制。在其中一种安全控制机制不满足的情况下，COS 是否能正确检查出来。当多种安全控制机制不满足的情况下，COS 是否能正确检查出来。

实例见表 7.5.4。

表 7.5.4　安全机制测试

测试项目	UPDATE BINARY 命令更新文件时不满足该二进制文件的安全状态
测试内容描述	UPDATE BINARY 命令更新文件时不满足该二进制文件的安全状态，COS 是否能中止命令的执行并返回期望的错误代码
参考文档	ISO/IEC 7816-4
测试初始条件状态	建立二进制文件 $'0001'$ 并不满足更新权限
测试步骤	① 取 16 字节随机数 Random ② 选择该二进制文件 ③ 执行 UPDATE BINARY 命令（CLA=$'00'$，INS=$'D6'$，P1=$'00'$，P2=$'00'$，Lc=$'10'$，数据域为第一步取得的随机数 Random） ④ 卡片返回 $'6982'$ ⑤ 执行外部认证命令获得更新权限 ⑥ 执行 UPDATE BINARY 命令（CLA=$'00'$，INS=$'D6'$，P1=$'00'$，P2=$'00'$，Lc=$'10'$，数据域为第一步取得的随机数 Random） ⑦ 卡片返回 $'9000'$
测试期望结果	未满足更新权限，执行 UPDATE BINARY 命令返回 $'6982'$；满足更新权限，执行 UPDATE BINARY 命令返回 $'9000'$

（5）应用流程测试

测试目的：验证 COS 是否可以正确完成符合相应规范的应用流程。

测试原理：将命令组合起来成为一个应用流程，检测整个流程是否都能正确执行。检测基本命令之间是否会有影响。

实例见表 7.5.5。

表 7.5.5 应用流程测试

测试项目	圈存流程测试
测试内容描述	执行完整的圈存流程
参考文档	JR/T 0025（行业标准）
测试初始条件状态	建立存折文件′ED01′
测试步骤	① 选择金融应用 ② 执行 VERIFY 命令认证主 PIN 获得权限 ③ 执行 Init_for_Load 命令进行初始化圈存 ④ 执行 Credit_for_Load 命令进行存折的圈存 ⑤ 检查余额是否正确增加 ⑥ 检查文件交易明细是否正确添加
测试期望结果	流程正确执行，余额正确增加，文件的交易明细记录正确添加

2. COS 可靠性测试

（1）多应用测试

测试目的：验证 COS 是否可以防止多应用之间改写文件时互相干扰。

测试原理：一张卡片内的多个应用之间应互相独立。当不同应用的基本文件的 ID 相同时，对其中一个文件用 ID 方式进行操作，两个基本文件不会互相干扰。

实例见表 7.5.6。

表 7.5.6 多应用测试

测试项目	多应用的二进制文件互扰测试
测试内容描述	执行 UPDATE BINARY 命令更新 ADF1 下的二进制文件时，ADF2 下的二进制文件不受影响
参考文档	ISO/IEC 7816-4
测试初始条件状态	建立 ADF1 并在 ADF1 下建立二进制文件′0001′，建立 ADF2 并在 ADF2 下建立二进制文件′0001′
测试步骤	① 对应用 1 进行操作 a. 选择应用 ADF1 b. 取 16 字节随机数 Random1 c. 选择该二进制文件′0001′ d. 执行外部认证命令获得更新权限 e. 执行 UPDATE BINARY 命令（CLA=′00′，INS=′D6′，P1=′00′，P2=′00′，Lc=′10′，数据域为随机数 Random1） f. 卡片返回′9000′ ② 对应用 2 进行操作

测试项目	多应用的二进制文件互扰测试
测试步骤	a. 选择应用 ADF2 b. 取 16 字节随机数 Random2 c. 选择该二进制文件'0001' d. 执行 UPDATE BINARY 命令(CLA='00',INS='D6',P1='00',P2='00',Lc='10',数据域为随机数 Random2) e. 卡片返回'9000' ③ 检查多应用的二进制文件之间是否互相干扰 a. 执行外部认证命令获得读取权限 b. 执行 READ BINARY 命令(CLA='00',INS='B0',P1='00',P2='00',Le='10') c. 读出的数据 DataOut 应等于 Random2 d. 选择应用 ADF1 e. 选择该二进制文件'0001' f. 执行外部认证命令获得读取权限 g. 执行 READ BINARY 命令(CLA='00',INS='B0',P1='00',P2='00',Le='10') h. 卡片返回 DataOut 和 SW1SW2 为'9000' i. DataOut 应等于 Random1
测试期望结果	ADF1 下二进制文件'0001'里的数据应始终等于 Random1

（2）防拔测试

测试目的：验证卡片在执行带有写操作的命令突然断电时，COS 能够成功保护数据的功能。

测试原理：当卡片在进行写 E^2PPROM 操作的时候如果突然断电，卡片只能有两种选择（一是写操作全部完成，新数据成功写入；二是写操作全部未执行，E^2PPROM 中的数据应完整保存原有数据）。其他任何第三种情况都视为错误。

实例见表 7.5.7。

表 7.5.7 防拔测试

测试项目	UPDATE BINARY 命令防拔测试
测试内容描述	执行 UPDATE BINARY 命令更新文件时断电，COS 应能成功保护数据
参考文档	ISO/IEC 7816-4
测试初始条件状态	建立二进制文件'0001'
测试步骤	① 写入 Random1 a. 取 16 字节随机数 Random1 b. 选择该二进制文件 c. 执行 UPDATE BINARY 命令(CLA='00',INS='D6',P1='00',P2='00',Lc='10',数据域为 Random1) d. 卡片返回'9000' ② 写入 Random2 a. 取 16 字节随机数 Random2 b. 选择该二进制文件

续 表

测试项目	UPDATE BINARY 命令防拔测试
测试步骤	c. 执行 UPDATE BINARY 命令（CLA='00',INS='D6',P1='00',P2='00',Lc='10',数据域为 Random2） d. 令读卡器发出命令 APDU 之后 1~500 ms 使 IC 卡断电 ③ 防拔结果检查阶段 a. IC 卡加电,复位卡片 b. 选择该二进制文件 c. 执行 READ BINARY 命令（CLA='00',INS='B0',P1='00',P2='00',Le='10'） d. 卡片返回数据和 SW1SW2（'9000'） e. 数据等于 Random1 或 Random2。数据如果不等于 Random1 也不等于 Random2 则报错
测试期望结果	返回数据可以等于 Random1 也可以等于 Random2

3. 性能/指标测试

测试目的：测试 COS 对于文件的读写速度或者应用流程的交易速度等。

测试原理：通过计时,对卡片完成某项操作的速度有一个评判。

实例见表 7.5.8。

表 7.5.8　性能测试

测试项目	UPDATE BINARY 命令的性能测试
测试内容描述	测试 UPDATE BINARY 命令更新二进制文件的性能
测试初始条件状态	建立二进制文件'0001'并满足更新权限
测试步骤	（1）取 255 字节随机数 Random （2）选择该二进制文件 （3）计时开始 （4）循环执行 UPDATE BINARY 命令（CLA='00',INS='D6',P1='00',P2='00',Lc='FF', 数据域为随机数 Random）1 000 次 （5）计时结束 （6）统计消耗时间并计算速率

课后习题

如何设计、组织
和管理 IC 卡测试

7.1　ISO/IEC 10373-1 中描述的测试项目适用于哪些卡？

7.2　ISO/IEC 10373-1 中哪些测试项目需对每张卡进行？ 哪些可以抽样测试？

7.3　接触式 IC 卡有哪些电气特性测试和逻辑操作测试内容？

7.4　非接触式 IC 卡与接触式 IC 卡的测试方法有哪些是共同的,哪些是不同的？

7.5　如何对 VICC 进行功能测试？

7.6　VCD 功能测试有哪些？ 目的分别是什么？

7.7　简述 COS 测试的重要性、测试原理和测试步骤。

第8章 物联网和智能卡的应用

微芯片之父 Roland Moreno 于 1974 年 3 月申请了智能卡的专利。第一张卡片于几年后问世。1978 年电子产品小型化后,智能卡的需求猛增,并逐渐普及。现在智能卡已经在多个领域中发挥重要作用。在物联网时代,智能卡随着新技术的出现,将在人们的生活中发挥更大的作用。

8.1　eSIM 卡

物联网发展环境
下智能卡的应用

8.1.1　eSIM 诞生

如果手机没有 SIM 卡(SIM 卡如图 8.1.1 所示),既不能打电话,也不能发短信,更不能移动上网。因为 SIM 卡代表了手机的"合法身份",相当于手机的"身份证",通过这个"身份证",手机才能使用运营商的通信网络,享受通信服务。[46]

图 8.1.1　手机中的 SIM 卡

SIM 全名为 Subscriber Identity Module,(即"用户识别模块")是移动网络服务的核心功能模块之一,承担着移动终端登网鉴权的重要责任。其功能如图 8.1.2 所示。实际上,SIM 卡是一个装有微处理器的芯片卡,包含 CPU、程序存储器、ROM、工作存储器 RAM、数据存储器 EEPROM 以及串行通信单元。当我们使用手机和 SIM 卡时,手机向 SIM 卡发出命令,SIM 卡根据标准规范来执行并反馈结果。

图 8.1.2　SIM 卡的功能

SIM 卡存储的手机用户的信息包括以下四个部分:

(1) 由 SIM 卡生产厂商存入的系统原始数据。

(2) 由移动运营商在将卡发放给用户时注入的网络参数和用户数据,包括鉴权和加密信息、算法、参数。

(3) 由用户自己存入的数据,如短信息、通讯录等。

(4) 用户在用卡过程中自动存入和更新的网络接续和用户信息类数据,包括最近一次位置登记时的位置信息、临时移动用户号(TMSI)等。

SIM 卡诞生于 1991 年,近 30 年来,已经从标准 SIM 卡逐步演化为 Mini SIM、Micro SIM、Nano SIM,从原来的名片大小缩减为只剩金属片部分。近年来,随着移动终端(特别是以物联网设备为代表的终端)向着集成化与形态多样化发展,陆续对 SIM 卡提出了小型化、抗震动、耐高温、防潮湿等新要求。即使 Nano SIM 尺寸已经微型化,但仍不能满足部分极端严苛的空间限制需求。SIM 卡具有以下不足:

(1) 随着科技的不断发展,手机尺寸和空间利用依然在往更加轻薄的方向发展。SIM 卡、卡槽机构以及对应的接口走线,需要占用一定的空间。

(2) 对于可穿戴智能设备(智能手表、运动手环、智能眼镜等),Nano SIM 还是太大了。

(3) SIM 卡槽的缝隙严重影响了设备的防水性能,进而限制了设备的使用场景。

(4) SIM 卡插在卡槽中,通过金属触片连接,这种非焊接的接触,存在一定的接触不良问题。尤其对于经常会有碰撞的可穿戴设备,容易导致松动或脱落而影响正常使用。

(5) SIM 卡代表了用户和单一运营商的契约关系,用户凭卡享受某一运营商的服务,而换卡则变得相对麻烦和困难。

在此背景下,能够满足终端需求的、嵌入式封装的 SIM 卡应运而生。初期的嵌入式 SIM 卡受软硬件条件限制,不能支持在集成到终端后对 SIM 卡进行重新编程,因此必须在卡片硬件出厂前完成所有数据的写入,后期无法再更改,给运营商、终端厂家带来了相当大的库存、备货压力。在这样的背景下,eSIM 技术诞生。eSIM 指 Embedded-SIM(嵌入式 SIM

卡),本质上还是一张 SIM 卡,只是变成一颗 SON-8 的封装 IC,直接嵌入电路板上,这样一来,不仅解决了连接可靠性的问题,而且节约了高达 90％的空间。并且,eSIM 是可编程的,支持通过 OTA(空中写卡)对 SIM 卡进行远程配置,实现运营商配置文件的下载、安装、激活、去激活及删除。[47]

8.1.2 eSIM 技术方案与优势

面向不同的应用特点,GSMA(全球移动通信系统协会)提供了不同的 eSIM 技术方案。

1. eSIM 远程管理技术方案

eSIM 远程管理方案采用服务端驱动(Push 模式),eSIM 电子卡的下载、激活、删除等管理功能通过 eSIM 远程管理平台集中化管理,为终端提供一点接入、全网管理的能力,主要面向不需要终端用户操作的场景。

GSMA SGP.01 系列规范支持远程管理方案,主要适用于部分跨过应用场景。

GSMA SGP.21 系列规范目前尚不支持远程管理方案,但已制订相关计划。

2. 公共消费类 eSIM 技术方案

公众消费类 eSIM 技术方案采用的是客户端驱动(Pull 模式),重点针对穿戴、平板计算机等消费类电子产品需要用户自签约、自配置、自管理的特点进行了优化,除原有的服务端远程管理方式外,还增加了用户本地电子卡自助管理功能,进一步充实了使用场景,覆盖了附属设备(设备可独立使用,但需要通过其他终端管理 eSIM 功能)场景与独立设备(eSIM 设备可以独立管理、使用)场景。

和传统 SIM 卡提供的通信服务相比,eSIM 在和各类终端设备的融合中有着极大优势:

(1) eSIM 赋能终端产品,提升终端产品能力。在传统的智能终端销售模式下,如果用户需要移动通信服务,必须另行选择购买通信产品,eSIM 赋能终端设备提供通信与终端融合产品,极大地方便了最终用户的使用。

(2) eSIM 提升通信服务品质。通过 eSIM 技术实现多设备连接管理的聚合,提供互联网化的服务流程,极大地提升了终端用户体验和企业管理效率。

(3) eSIM 提升设备整体信息化水平。eSIM 提供安全灵活的 SIM 卡远程配置方案,更好地适应新型业务的需求,是物联网的重要制程技术。eSIM 使更多类型的终端产品更便捷地接入蜂窝移动网络,拥有信息化服务的能力,有力地支持万物互联的未来场景。

(4)eSIM 提升了产业链的整体运营水平。eSIM 可以面向终端厂家提供通信服务的利润收益,有力地帮助终端厂家在硬件销售的基础上获得通信服务的收益共享,并可拓展更多的运营模式。

8.1.3 eSIM 特征

1. 便利性

eSIM 技术相对来说将会让产品更加轻便、更加实用,而且主要的优点是可以非常方便地更换运营商,对于用户来说多了一种选择,同样也会促使运营商之间的竞争,促进产品的优化,更好地服务用户。另外,这种技术可以方便户同时用多个手机号码,而不再需要更换手机,这样就会更加方便。

2. 成本

首先,eSIM 可以让消费者更容易更换运营商,当然就不会存在不法分子去想方设法破解手机了。其次,对于企业来说,他们对于用户的身份验证就可以通过 eSIM 卡进行,所以在一定程度上提高了安全性。

8.1.4　eSIM 发展历程

2011 年,苹果公司率先向美国专利和商标局申请了一项虚拟 SIM 卡专利。

2014 年,苹果公司发布了自己的 SIM 卡——Apple SIM,嵌入美国和英国发售的 iPad Air 2 和 iPad Mini 3 平板计算机中,允许用户设备动态选择运营商网络。

2015 年 7 月,苹果公司和三星公司计划联手推出 eSIM 卡。

2015 年 8 月,三星 Gear S2 成为首款支持 eSIM 卡的智能手表。

2016 年 6 月,GSMA 发布智能手机 eSIM 上规范。这一规范获得全球超过 30 家运营商、芯片商及苹果、三星、谷歌等智能手机厂家的支持。

2017 年 10 月,Google 最新发布的两款手机 Pixel 与 Pixel 2 XL 成为首款兼容 eSIM 卡的智能手机。

8.1.5　eSIM 应用

1. eSIM 应用领域

现在中国的三大运营商都制定了全面积极推动 eSIM 的业务策略,助力业务发展和国家信息化基础建设,设计的领域包括智能可穿戴、车联网、平板电脑、手机流量等。

(1) 物联网

eSIM 消费物联网解决方案可以提供广泛的互操作性,能够为各类消费物联网终端提供便捷的网络接入,提供完善的消费物联网业务运营支撑,如图 8.1.3 所示。在满足了物联网对低成本、安全性、稳定性等诸多要求后,eSIM 卡能有效应用到包括车联网、可穿戴设备、智能家居、远程智能抄表等诸多物联网场景中。因此,市场对 eSIM 的需求将出现爆发式增长,根据麦肯锡咨询的预测,至 2020 年,仅 M2M 场景下的全球 eSIM 市场规模就将突破 14 亿美元。

在物联网领域中,eSIM 技术实现的是卡号分离,但运营商提供的服务是与号码绑定的,而物联网中有许多大规模覆盖和单向数据传输的使用,就很好地体现出 eSIM 卡的优点。物联网是一种成本较高的技术,同时对于安全性等的需求很高,所以之前的 SIM 就无法满足它的要求,而 eSIM 卡则更加方便。物联网设备中只需嵌入一张白卡,白卡里含有不同运营商的身份识别,通过单一管理平台可以安全的远距离的空中传输完成运营商安全认证,不需要拔插 SIM 卡。[48]

(2) 车联网

如图 8.1.4 所示,eSIM 车联网业务是最早的 eSIM 发展领域,客户需求明确并日趋迫切,主要面向车辆前装终端提供国际化业务以及个性化的服务。车联网业务可以是 2B 业务或 2C 业务。在 2B 领域,通过 eSIM 支持车厂的国际化部署能力,提供号码切换服务,支持垂直行业的运营、降低成本。在 2C 领域,提供一卡多终端等业务,增加 C 端用户的黏性;

创新业务场景,针对分时租赁、共享汽车等业务,提供用车人的个性化配置和服务。

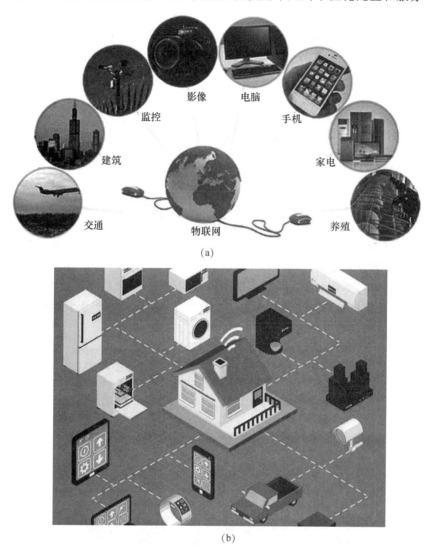

(a)

(b)

图 8.1.3　eSIM 在物联网中的应用

图 8.1.4　eSIM 在车联网中的应用

车联网对通信的要求更是安全性的需求,嵌入式卡在安全性上更有保障。当车辆发生事故时,传统插拔卡不能正常使用,在车主无法进行操作的情况下,车主跟后台的主动通信中,eSIM的关键作用得到体现。因此,eSIM技术保证了机密性,没有被授权的用户没有办法获取并使用,除此以外,还确保了整个车联网系统能够被管理者监控,被授权的用户可以正常应用系统。

(3)手机等智能设备

电信运营商可为消费者提供便捷、可视化的一站式入网和管理服务。通过一站式入网服务,通过手机作为主终端配合eSIM物联网终端入网,以手机营业厅App作为统一入口,配合终端厂商提供的eSIM专有API,在应用内即可完成eSIM数据的一站式下载和激活。用户在应用内可以自行订购/开通基于eSIM的各种新业务,自动触发eSIM数据下载,下载完成后终端自动激活入网。这种入网方式提供便捷的可视化操作流程,不需要用户频繁往返营业厅,用户体验远超传统业务开通方式。

对于智能手机来说,eSIM为手机提供联网接入功能受到大量阻碍,发展相对缓慢。但对于可穿戴设备(如智能手表)来说,其发展明显快于智能手机。并且,相对于手机、汽车等设备,可穿戴设备的内部空间小,eSIM卡的所占空间较小,同时具有很好的稳定性,那么就很好地克服了可穿戴设备的空间问题和稳定性的缺点,相比SIM卡是个更好的选择。除此以外,eSIM卡可以给用户提供更方便的业务办理方式。

图8.1.5　eSIM在智能手机中的应用

2. eSIM产业链

eSIM产业链包括上游厂商、平台服务、终端、用户等板块,民族企业与海外厂商发展同步,已能覆盖产业链的每一个环节。对于核心的eSIM平台和CA,国内三家运营商都立足于自研自建,不依赖第三方。已商用的eUICC芯片以国外厂商为主,但多家国产厂商已完成产品研发具备上市的条件。华大电子等传统国产卡芯片厂商的芯片也具备成为eUICC芯片的能力。

8.1.6　eSIM面临的挑战

eSIM技术使用户可以切换不同的运行商网络,不再绑定于某一家运营商,这种技术给运营商带来了方便,但是也有不利的地方,因为给了用户更多的选择,那同时也就给运营商带来了很多的挑战：一是原有 SIM 的采购体系和供应模式发生了变化，导致原有的运营商主导变为终端商主导。二是 eSIM 产品的检测、认证等环节将变成由专业的第三方机构负责。三是 SIM 卡原有的基础增值业务将会消失，原有的业务流程（如开卡、销卡）也将会全部改变。四是运营商之间的竞争也越发激烈，包括价格竞争和更优良的服务。

1. 国外 eSIM 卡发展遭到部分运营商抵制

回看 eSIM 卡的发展历程，最初的 2011 年，苹果公司向美国专利和商标局申请了一项虚拟 SIM 卡专利。2014 年，苹果公布了自己的 SIM 卡——Apple SIM，嵌入美国和英国发售的 iPad Air 2 和 iPad Mini 3 平板计算机中，允许用户设备动态选择运营商网络。2015 年 7 月，苹果公司和三星计划联手推出 eSIM 卡。2016 年 6 月，GSMA 发布了智能手机 eSIM 规范。

尽管这项生来就被赋予重任的 eSIM 卡对于用户溢出多多，而且在设备生产厂商这边，支持 eSIM 也并不是难事，目前谷歌 Pixel 智能手机就能支持，但对于美国移动运营商来说，eSIM 卡的普及似乎并不是一件好事情。即便强大如苹果，在运营商面前也相对弱势，因为在美国首当其冲的挑战就是用户转网、换运营商的问题。

2018 年上半年，美国司法部就曾对几家运营商以及 GSMA 全球移动通信协会展开调查。美国司法部怀疑这些运营商与行业协会之间合谋阻碍 eSIM 卡的普及。被调查的运营商有 AT&T、Verizon 以及 GSMA 协会。

《中外管理》记者在与美国当地一些手机用户沟通时了解到，凭借传统 SIM 卡对用户的"一对一"绑定，运营商可以更好地掌握用户数据、控制资费套餐等，换卡所带来的最直接后果就是运营商用户的流失。对于运营商而言，SIM 卡实际就是一块保护其用户的盾牌。

美国运营商有个传统，会对终端（手机设备）进行锁定。比如，用户在运营商 Verizon 买的手机，换成 T-Mobile 号码后可能手机就不能用。这种"锁卡机"性价比很高，对于既想用新款手机又不想花大价钱的很多用户而言是不二之选。这和国内的联通、移动、电信推出的合约机是差不多的营销模式。此前，依靠买手机送话费的方式绑定用户，运营商在手机厂商面前更强势，更能圈住用户。

eSIM 技术出来后，很多运营商也希望能够有锁卡功能，但这和 eSIM 卡的初衷是相悖的。eSIM 卡有可能打破这种平衡，携号转网变得更容易了，运营商之间的竞争肯定更加激烈，利润会更低，这让运营商们感到害怕。这才是此次美国司法部调查的主要原因。

这就不难理解，为何美国运营商 AT&T 对外表示，他们还没有做好支持 eSIM 卡功能的准备，或许以后也不会支持。类似情况的还有 Verizon 和 T-Mobile，他们同样表示没有做好对 eSIM 卡的支持。至于美国的第四大运营商 Sprint，似乎就没有打算支持 eSIM 卡。

实际上，目前在世界范围内支持 eSIM 卡的也只有 10 个国家，分别是奥地利、加拿大、克罗地亚、捷克共和国、德国、匈牙利、印度、西班牙、英国和美国的部分运营商服务。

2. 国内 eSIM 发展仍需克服困难，三大运营商 eSIM 发展思路不同

目前国内三大运营商推动 eSIM 卡较为积极的是中国联通，2018 年 3 月 7 日中国联通率先启动"eSIM 一号双终端"业务的办理，不过仅限于 Apple Watch 上使用，也只限于上海、天津、广州、深圳、郑州、长沙 6 个城市。

综上，从 eSIM 卡试点到全面普及，中国还有一些困难需要克服。

（1）首先，从技术层面看，eSIM 卡目前的标准不能满足很多应用场景的需求，同时尚有一些执行标准和执行方案需要明确。现在应用较普遍的 eSIM 卡标准只适合两种场景：一是可穿戴设备，如 Apple Watch 以及一些数据设备；二是智能汽车的应用场景，eSIM 卡的应用保障了汽车的联网接入。在其他应用场景，eSIM 技术并不是很成熟，而且市场的接受和普及也需要时间。

（2）其次，对商家而言，eSIM 技术的使用和引入会引起系统建设和软件配备的改变，更意味着传统运营模式的改变、传统商业合作关系中相关产业链的改变，这需要运营商之间的合作和协调。不同角色、不同组织之间的作用和提供的服务也会有重组。而且，支持 eSIM 技术也要有商家一些额外的投入。

（3）再次，从管理的层面看，需要为 eSIM 技术的市场做一些调整，也需要出台一些办法保障用户和商家的权益。

从上述三个方面看，eSIM 卡在国内还处于一个起步的阶段，还需要一个从不成熟到成熟的过程。[49]

目前，三大运营商积极推动 eSIM 卡规模发展，寻求各自的创新之路。

（1）中国联通：最早开发，积极推动

中国联通作为全球最早自主开发 GSMA 标准 eSIM 平台的电信运营商，是国内最早正式推出 eSIM 应用的运营商，一直在不遗余力地推动 eSIM 产业发展。

在中国联通看来，目前 eSIM 有 3 种其他技术无法替代的优点：第一，体积小，比传统 SIM 小 90% 以上；第二，满足复杂环境的应用需求，如以车联网为主的领域；第三，数据的可远程配置。

在这三大场景中，eSIM 有自己的社会价值和市场价值。在市场价值层面，通过 eSIM 技术可以实现多设备连接，提供互联网化的服务流程，进而提高终端用户的体验和企业效率，可以为移动终端的设计、生产、制造等各个阶段提供足够的灵活性；在社会价值层面，eSIM 可以提供安全、灵活的配置，其重点是数据的远程配置，以更好地适应新型业务的支撑，更好地支撑万物互联。

eSIM 的优势显而易见，但它存在的痛点也不容忽视：第一，开发流程和门槛相对比较高；第二，由于推动不足，大家的认识不完全一致，使得产品发展的速度比较慢。

因此，eSIM 和传统的 SIM 产业相比，由于处于发展初期，未形成规模，成本相对偏高，使得采购成本部分比较高，领域进一步开放需要产业界共同推动。

（2）中国电信：eSIM 是车联网普及的关键环节

车联网的应用场景往往是高速移动的状态，很容易造成通信中断，eSIM 刚好能满足车联网通信模组各方面的应用需求，可以说是车联网应用普及的关键环节。

eSIM 的技术打破了很多运营商的传统。一方面运营商要拥抱 eSIM 技术，尝试新的业务模式，另一方面运营商要关注可能出现的问题。在安全性方面，目前，业界还未达成共识。希望在工信部的统一监管和指导下，业界能够共同建设一个安全的 eSIM 使用环境。

同时，希望国内 eSIM 标准能尽快与国际标准接轨，实现 eSIM 跨地区、跨运营商互联互通的初衷。

（3）中国移动：紧跟用户需求，做产品和运营创新

一直以来，中国移动通过中移物联网全面推进 eSIM 在物联网领域的应用，汽车、健康、电表业务和应急通信是重点应用领域。2018 年 5 月 25 日，中国移动旗下子公司中移物联

网发布了国内首款 eSIM 芯片 C417M,可提供"芯片＋eSIM＋连接服务",将在工业制造技术、生产周期、行业能力整合、终端补贴等多方面发挥更多优势。

中移物联网从 2016 年开展芯片研发工作,现已完成完整产品系列。eSIM 产品有几大优势:第一,自主研发工作,全球首发;第二,节省成本,全球最小;第三,解决恶劣环境的应用痛点;第四,全流程运营管理平台。

除此以外,eSIM 可应用在很多场景,中移物联网已经积累了十多个场景,包括智能抄表、eSIM 烟感探测器、银行 POS 机等。中移物联网希望能梳理 eSIM 涉及的不同行业、不同用户需求,从而将所有需求尽量标准化成可规模应用和推广的产品或服务。

在世界移动大会(2018MWC 上海)上,中移物联网发布了中国移动 eSIM 白皮书,白皮书里有中国移动流程梳理、产品技术的详细分享。

eSIM 技术处于不断向前发展的进程中。从长远来看,eSIM 技术对于用户和整个行业来说均是有益的。eSIM 技术普及之后,任何搭载 eSIM 的设备均成为互联网的一部分,可以进行互相通信。eSIM 技术将在手机、智能穿戴、物联网、车联网等行业共同发展,eSIM 大趋势势不可挡。

8.2　中华人民共和国居民身份证

关于 SIM 和 eSIM

第二代居民身份证(如图 8.2.1 所示)上印有持卡人的姓名、照片和生日、地址等登记项目。2011 年审议居民身份证修正草案,规定了公民申请领取、换领、补领身份证应加入指纹信息。

图 8.2.1　第二代居民身份证

1. 二代身份证技术简介

中华人民共和国第二代居民身份证是由多层聚酯材料复合而成的单页卡式证件,采用非接触式 IC 卡技术制作。中华人民共和国第二代居民身份证有六大特点:融入 IC 卡技术,防伪性能提高,办证时间缩短,存储信息增多,有效期重新确定,发放范围扩大。第二代身份证长为 85.6 mm,宽为 54 mm,厚度为 0.9 mm。证件正面印有国徽、证件名称、长城图案、证件的签发机关和有效期限及彩色花纹。

在居民身份证中加入了指纹信息,国家机关以及金融、电信、交通、教育、医疗等单位可以通过机读快速、准确地进行人证同一性认定,有助于维护国家安全和社会稳定,有利于提高工作效率,有效防范冒用他人居民身份证以及伪造、变更居民身份证等违法犯罪行为,并在金融机构清理问题账户、落实存款实名制等方面发挥重要作用。

2. 二代身份证技术特点

二代身份证使用非接触式 IC 卡芯片作为"机读"存储器。二代证芯片采用智能卡技术,内含 RFID 芯片,此芯片无法复制,高度防伪。RFID 芯片的优点是芯片存储容量大,写入的信息可划分安全等级,分区存储,包括姓名、地址、照片等信息。按照管理需要授权读写,也可以将变动信息(如住址变动)追加写入;芯片使用特定的逻辑加密算法,有利于证件制发、使用中的安全管理,增强防伪功能;芯片和电路线圈在证卡内封装,能够保证证件在各种环境下正常使用,寿命在十年以上;并且具有读写速度快,使用方便,易于保管,以及便于各用证部门使用计算机网络核查等优点。

8.3 RFID 的应用

RFID 超高频
应用场景(视频)

8.3.1 RFID 在物流行业中的应用

1. 现代物流行业发展

在物流行业中,由于相关企业众多,行业覆盖较广,跨地区跨地域的联系较为频繁,常常出现以下几个问题:

(1) 整体信息更新滞后,不能紧跟市场需求变化,反应迟钝;

(2) 信息不能及时更新,容易出现库存积压;

(3) 物品编码形式不统一,信息采集效率低下。

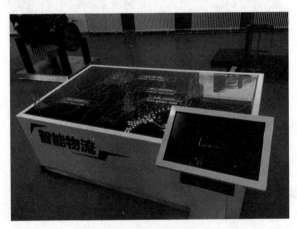

图 8.3.1 RFID 在物流行业的应用

随着信息技术的飞速发展,物流产业引出信息技术,二者结合后产生了以数字化技术与通信技术为基础的现代物流产业。面对激烈的竞争环境,企业急需建设一个信息化的综合物流管理平台,而 RFID 技术可以完成物体信息的自动识别、自动输入等任务(如图 8.3.1

所示),是实体与信息平台的重要桥梁,利用 RFID 技术可以很好地解决物流体系当中的数据采集及输入整理的问题,简化了物流管理过程,节省了管理成本。

2. RFID 在物流行业应用的优势

自从 2010 年以来,我国大力支持物联网的发展,而作为物联网核心技术的 RFID 技术也得到了快速发展,并且随着 RFID 技术的飞速发展与逐步成熟,RFID 应用的成本将会越来越低,能更好地满足用户需求,这使得 RFID 技术在移动支付、现代物流、制造、交通、医疗等领域得到了更多的应用,RFID 产业也基本形成了综合产业的格局。在信息技术的飞速发展与经济全球化的推动下,物流产业对社会发展与经济发展愈加重要,传统的物流产业结构已经朝着数字化的物流产业结构改进。而 RFID 技术应用在物流行业中,不仅在传统和现代之间起到了桥梁作用,还可以从以下几个方面来提高物流行业的服务品质。

(1)RFID 技术的应用可以明显地促进物流产业的自动化

RFID 系统提供了统一的产品编码格式。这样,在系统建成后,后期再进行数据的修改、增加、删除操作时,可以直接进行操作,并且在进行系统规模拓展时,可以在原有的硬件基础上实现升级,有利于成本的降低,也便于数据管理。由于 RFID 可以通过电磁耦合及电感耦合的方式进行信息的获取,并不需要直接接触,阅读范围较大,并不需要人工进行扫描,可以实现同时自动获取多个目标物体数据的功能,使系统更加自动化,减少了人工操作造成的误差,使系统更加的灵活实用。

(2)RFID 技术可以为企业带来更多的经济效益

由于 RFID 技术信息采集更为迅速,准确性更高,使得企业间的信息可以更加方便快捷地进行交流,减少不必要的中间环节,加快物流速度,节约人力成本,提升企业经济效益,并且可以通过细致的管理方式减少在运输过程中由于管理不到位带来的物品遗失和损坏,减少运输过程中的损耗。

(3)RFID 技术可以为企业带来更好的社会效益

由于应用 RFID 系统进行信息统计的便利性,物流企业可以更加合理地调度现有的交通运输资源,进而减少运输过程中产生的能源损耗,增加物流行业的环境友好性。并且,信息资源的便利还可以更好地促进物流行业的资源整合,改善现在物流行业经营分散,规模小的情况,形成一个更好的物流生态系统,促进行业共同发展。

(4)RFID 技术有利于提高物流行业的管理水平

由于利用了 RFID 技术可以提高信息采集的准确性,减少了由于信息采集的误差带来的管理成本,使得管理更加便捷。并且,由于采用数字化的平台进行管理,系统可以直接根据 RFID 读写器采集到的信息来自动更新物流信息,包括物品的位置信息、物品存储状态等,使管理者对于物理信息的统计与查询更加准确便捷,减少管理成本,提升管理水平。[50]

3. RFID 在物流行业的应用

(1)实现了集装箱动态跟踪管理

将 RFID 标签安装在集装箱上,则在集装箱运输过程中可以利用 RFID 设备对集装箱进行自动识别,而且识别的信息也会通过网络通信设施等向各种信息系统进行及时发送,这样就有效地确保了集装箱在运输过程中的动态跟踪管理,有效地提升了运输的效率。

(2)智能托盘系统能够有效地提升仓库的管理水平

将射频标签安装在每个托盘上,而在仓库进出的必经通道上安装射频识别器,这样当叉车载着托盘货物通过时,识别器就能够对标签内的信息进行自动获取,并将其传输给计算机。而自动称重系统也会自动对装载货物的总重量与存储在计算中单个托盘的重量进行比较,从而对货物的实时信息进行掌握,这样仓库内的货物和托盘状况都能够实时获得,对于仓库管理水平的提升具有极其重要的意义。

(3)通道控制系统

将射频标签安装在可以重复使用的包装箱上,而且在包装箱进出仓库的通道口处进行射频识别器的安装,这样只要包装箱通过进出口,识别器就可以自动对其信息进行读取,并发送信息给计算机,而计算机会将标签里的信息与主数据库里的信息进行比较,如果信息正确,则绿色信号灯亮,包装箱通过,否则,红色信号灯亮,则在数据库中则会将时间和日期都进行记录。通过 RFID 技术的应用,可以在货物高速移动过程中获取准确的信息,不仅有效地节约时间,而且能够及时实现信息的反馈,有效地降低了消费者的风险。

(4)配送过程中贵重物品的保护

在物流运输中仓库内存储的货物中可能会存在着贵重物品中,这样贵重物品不仅要防止被盗,而且还要确保其能够及时交货。在这种情况下,利用 RFID 技术,将自动识别器安装在仓库的上方,而且在叉车在安装射频标签,这样叉车在沿途过程中会接收到详细的装货位置和经由路径,这样不仅有效地确保了叉车能够按正确线路进行托盘的移动,而且也有效地避免了在非监控道路上货物被盗的可能性,确保了配送过程中对贵重物品的保护。

8.3.2 RFID 在图书管理中的应用

1. RFID 在图书管理中的优势

(1)RFID 可以提高图书馆的借还效率

RFID 技术可以改变传统条码及磁条的借、还方法,工作人员在图书整合中打开图书扉页查找条码,然后进行磁条的扫描、消磁。同时,在 RFID 技术运用中,可以实现智能化的信息读取,实现标签读码器及非接触式的信息读取技术的运用,并借助 RFID 技术防止碰撞现象的发生,提升 RFID 技术读取的价值性,满足图书项目的查询及借助需求。

(2)RFID 可以提高图书馆的服务水平

在现阶段图书馆管理工作设计中,通过自主借还书外围设备的构建,可以为读者营造网络化的系统查询价值,实现现图书的架号查询,而且在快速查询中,需要执行办理图书馆借阅、归还手续,为读者提供方便。同时,在图书馆资源信息技术调整中,可以节约人力资源成本,改变传统的信息服务及容性整合机制,改进图书馆工作管理方法,满足读者的读书需求,满足图书馆的增值服务整合价值,促进图书馆服务管理按照水平的稳定提升。

(3)RFID 提高了馆藏工作的管理效率

对于现代化图书馆管理工作而言,通过 RFID 技术的运用可以开架书库。以往的图书馆信息管理存在人员支出经费大、错架书刊的现象,对图书进行分类归位,大大增加了管理员的工作量,增加了图书馆工作的强度。在图书馆信息资源确定时,可以将图书的架位信息录入 RFID 系统运用中,方便工作人员对书籍信息的查询,通过阅读器的使用实现对图书的排架,创造良好的图书管理环境,简化图书管理工作,提升图书馆的工作效率。

2. RFID 在图书管理中的应用

(1)图书自助借还

RFID 标签可以远距离阅读,可以同时对多个标签进行阅读。在自助借还时读者可以一次将多本图书放在借书台上进行借还操作。将图书识别和防盗功能都集成在 RFID 标签中,可以实现同步将图书借还与否写在标签里,方便了读者借还书操作。

（2）图书定位

将每一个书架的每一层进行编号并分配一个 RFID 标签。在图书上架时先用阅读器扫描书架标签,然后再扫描需要放该图书的书架层级位置,这样就在书架与图书之间建立了一个对应关系,再通过将书架位置与地图信息进行整理,读者可以在查询图书时得到该图书在图书馆中的具体位置。图书与书架之间的强关联性天然地削弱了图书索引号之间的关系,可以按照图书的借阅热度形成一个热门借阅区。

（3）图书盘点

图书盘点是图书馆排架整理图书的重要环节。管理员可以使用智能图书盘点车或者手持终端在书架上进行扫描,扫描过程中遇到不应在本书架（即错架现象）时,盘点设备会自动提示该错误以帮助工作人员将图书进行正确归架。在盘点结束后还会对图书馆的藏书情况进行统计,对遗失图书进行显示。

（4）智能书架应用

除在图书上架时利用盘点车或手持终端将图书与书架关联外,我们还可以使用智能书架来实现图书的实时定位。每个智能书架中有多个 RFID 天线,每隔指定时间,书架上的天线都会对整个书架中的图书进行扫描,该扫描可以得到当前在书架上图书的所有信息。在阅读区,这种书架可以对不在书架上的图书进行记录,并分析出每本图书的受欢迎程度。若在整个图书馆大规模使用这种书架,则图书馆可以实时地获取当前每一本图书所处的书架,实现对图书的实时定位,对图书遗失的时间精确判断。

（5）读者自助查询终端

给每个读者使用校园一卡通,和读者信息关联,读者在阅读器前刷一下一卡通,屏幕上即可显示"我的图书馆"基本信息,还提供预约、续借等基本功能。

（6）感知走廊

感知走廊是当读者走过一个通向图书馆的通道时,设置在通道两旁的 RFID 阅读器读取读者证上的 RFID 标签,在屏幕上或电子墙体上显示读者和图书馆之间的交互信息（如超期提醒、预约到书、书目推荐等应用）,利用数据挖掘技术给读者推荐图书馆新进的图书期刊或电子资源。

（7）RFID 安全考虑

图书馆采用超高频 RFID 技术,RFID 标签片上资源有限,未授权或者非法阅读器会对图书标签进行识别和篡改,给图书馆带来安全问题。为了系统的安全性,首先设计轻量级安全加密算法,防止标签信息篡改,保护读者的隐私,降低图书馆的安全风险;然后利用手机或其他移动终端作为干扰器,识别并干扰非法阅读器,从而实现反跟踪的目标。

（8）安全门禁的应用

现有门禁系统,通过设立门禁闸机来防盗检测逐个通过闸机的借阅人员,效率低下,可以采用 RFID 技术设计更加人性化的开放式门禁系统。设计主要分为 3 个步骤:

① 实现射频信号的栅栏覆盖,从而实现隐蔽、无形和开放的门禁;

② 精确定位,辨别在图书馆出口处每个读者的位置;

③ 对读者借阅行为进行识别,区分读者的进入、离开与徘徊,从而只对离开读者进行防盗检测。

8.3.3 RFID 在畜牧业中的应用

1. RFID 畜牧业养殖溯源系统

RFID 畜牧业养殖溯源系统包括 RFID 养殖生产管理、治疗防疫管理、屠宰管理、销售管理、监督管理、追溯查询六大系统,实现记录信息从养殖场、屠宰场到销售网点的无缝衔接,监管者可以依托平台进行信息采集、追溯和监察,消费者可以查询每块猪肉的来源出处。

(1) RFID 养殖生产管理系统

如图 8.3.2 所示,养殖场管理系统实现家畜入栏到出栏全过程的职能化管理。每个家畜都配有一个 RFID 标签,标签内存储了家畜的品种、存栏、时间等信息,并加入温度感应器,温度异常时能自动报警。

图 8.3.2　RFID 养殖生产管理系统

RFID 卡不同场景应用

(2) RFID 治疗防疫管理系统

治疗防疫管理系统由治疗防疫部门使用,防疫人员首先为其所负责的厂商定制防疫规则和计划,然后录入系统,系统会根据录入的规则和计划再制订时间提示应对哪个厂商哪个栏舍的家畜进行哪种类型的防疫,防疫人员仅需在防疫时使用手持机扫描一下所防疫的标签,即可完成防疫信息采集。防疫人员在家畜接受治疗以后,使用手持机扫描记录用药、病情以及治疗结果。

(3) 屠宰管理系统

屠宰管理系统由屠宰厂使用,在家畜屠宰之前,使用手持机扫描 RFID 标签记录屠宰前的总量,在屠宰以后,再使用手持机扫描 RFID 标签,记录下胴体重量和检疫情况,即完成屠宰信息采集。

(4) 销售管理系统

销售管理系统主要由销售人员使用。使用条码秤录入销售编号,打印出条码,销售人员再将条码贴到所销售的商品上即可。

(5) 监督管理系统

监督人员具备相应权限后,可查看系统各个部分产生的数据。市场监管人员也可以使用手持机查看摊位上所售产品是否为放心产品。

（6）追溯查询平台系统

追溯平台是一个具备完整追溯食品各环节安全控制体系,确保供应链的高质量数据交流,让食品行业彻底实施食品源头追溯以及食品供应链完全透明,确保食品"来可追溯,去可跟踪,信息可保存,责任可追查,产品可召回",保证向社会提供优质的产品。

2. 畜牧业应用 RFID 溯源系统产生的效益

目前国内大力推行 RFID 在畜牧业中的应用,对于 RFID 溯源系统产生的效益有如下几点:

（1）提高了畜牧业的管理水平,大大提高生产效益:为家畜的识别提供了现代化管理牧场的方法,从饲养到最终上市进行可跟踪管理,对其喂养和生长情况进行准确记录,同时便于入栏的管理,防止疾病的发生,节约饲养成本,提高养殖的效益。解决了饲养企业的实时、完整的数据自动采集,降低了生产损耗,提高了劳动生产效率,增加了养殖效益。

（2）提高了产品的回溯性,对其疫病进行控制,形成完善的疫病防控体系:由于近期接连不断的食品安全事件的发生,消费者对食品安全的强烈反映,我们必须重视并重建已经严重落后的牲畜、食品公共安全体系。因此从源头开始控制管理是最科学的做法,给高价值动物实施身份证管理,建立从出生、饲养、运输、屠宰直至最终进入流通领域的全程卫生防疫监控。

8.4 物联网的应用

物联网十大
应用场景

3D 虚拟场景展示_中国
电信物联街展示（视频）

8.4.1 智能家居系统

1. 智能家居概述

智能家居的概念起源于 20 世纪 80 年代初,随着大量采用电子技术的家用电器面市,住宅电子化开始实现;80 年代中期,将家用电器通信设备与安全防范设备各自独立的功能综合为一体,又形成了住宅自动化概念;至 80 年代末,由于通信与信息技术的发展,出现了通过总线技术对住宅中各种通信家电安防设备进行监控与管理的商用系统,这在美国被称为 Smart Home,也就是现在智能家居的原型。

与普通家居相比,如图 8.4.1 所示智能家居不仅具有传统的居住功能,还能够提供信息交互功能,使得人们能够在远离住所之处查看家居信息和控制家居的相关设备,便于人们有效安排时间,使得家居生活更加安全、舒适。智能家居系统包含互联网、智能家电、控制器、家居网络及网关。智能家居的网络与网关是智能家电设备间、互联网及用户之间能够信息交互的关键环节,是开发和设计阶段的重要内容和难点。

智能家居最终目标是让家居环境更舒适,更安全,更环保,更便捷。物联网的出现使得现在的智能家居系统功能更加丰富,更加多样化,更加个性化。其系统功能主要集中在智能照明控制、智能家电控制、视频聊天及智能安防等。每个家庭可根据需求进行功能的设计、扩展或裁减。

图 8.4.1　智能家居

2. 智能家居系统

（1）智能家居布线系统

智能家居布线系统是一个小型的综合布线系统，它是一个能支持语音、数据、多媒体、家庭自动化、保安等多种应用的传输通道，是智能家居系统的基础。智能家居布线系统可以作为一个完善的智能小区综合布线系统的一部分，也可以完全独立成为一套综合布线系统。

（2）家庭网络系统

家庭网络是在家庭范围内将 PC、家电、安全系统、照明系统和广域网相连接的一种新技术。近年来，家庭网络功能不断扩大，开始涉及家庭上班、网上购物、远程医疗、保健、网络学习和培训、就业、游戏、休闲等。各国家庭网络市场的发展均以家庭宽带市场发展为基础，并紧跟宽带市场发展的步伐，与其保持几乎相同的速率，在迅速发展壮大。

（3）智能家居管理控制系统

智能家居管理控制是指以住宅为平台，构建兼备建筑、网络通信、信息家电、设备自动化，集系统、结构、服务、管理为一体的高效、舒适、安全、便利、环保的居住环境，将家中的各种设备连接到一起，提供家电控制、照明控制、窗帘控制、电话远程控制、室内外遥控、防盗报警以及可编程定时控制等多种功能和手段，帮助家庭与外部保持信息交流畅通，优化人们的生活方式，帮助人们有效安排时间，增强家居生活的安全性。

（4）智能家居安防监控系统

家庭安防系统包括门磁开关、紧急求助、烟雾检测报警、燃气泄漏报警、碎玻探测报警、红外微波探测报警等。安防系统可以对陌生人入侵、煤气泄漏、火灾等情况及时发现并通知主人，视频监控系统可以依靠安装在室外的摄像机有效地阻止小偷进一步行动，并且也可以在事后取证，给警方提供有利证据。

（5）智能家居照明控制系统

实现对全宅灯光的智能管理，可以用遥控等多种智能控制方式实现对全宅灯光的开关和调光，实现全开全关及"会客、影院"等多种一键式灯光场景效果，从而达到智能照明的节能、环保、舒适、方便的功能。根据环境及用户需求的变化，只需做软件修改设置就可以实现灯光布局的改变和功能扩充。

（6）智能家居电器控制系统

可以用遥控、定时等多种智能控制方式实现对家里的饮水机、插座、空调、地暖、投影机、新风系统等进行智能控制。通过智能检测器，可以对家里的温度、湿度、亮度进行检测，并驱动电器设备自动工作。可以通过红外或者协议信号控制方式就地控制、场景控制、遥控控制、电话电脑远程控制等。

（7）智能家居窗帘控制系统

窗帘有保护个人隐私、遮阳和挡尘等功能。传统的窗帘需要手动去开合，每天早开晚关挺麻烦，特别是别墅或复式房的大窗帘，比较长而且重，需要很大的力气才能拉开、合上窗帘，很不方便。智能电动窗帘在最近几年被广泛应用于高级公寓，只要在遥控器上轻按一下，窗帘就自动开合，非常方便，还可以实现窗帘的定时开关、场景控制等更多高级的窗帘控制功能，真正让窗帘成为现代家居的一道亮丽"风景线"。

（8）智能家居背景音乐系统

家居背景音乐就是在家庭任何一间房子里，比如花园、客厅、卧室、酒吧、厨房或卫生间，可以将 MP3、FM、DVD、计算机等多种音源进行系统组合，让每个房间都能听到美妙的背景音乐，音乐系统既可以美化空间，又起到很好的装饰作用。

（9）智能家居视频共享系统

视频共享系统是将数字电视机顶盒、DVD 机、录像机、卫星接收机等视频设备集中安装于隐蔽的地方，系统可以做到让客厅、餐厅、卧室等多个房间的电视机共享家庭影音库，并可以通过遥控器选择自己喜欢的音源进行观看，采用这样的方式既可以让电视机共享音视频设备，又不需要重复购买设备和布线，既节省了资金，又节约了空间。

（10）智能家居家庭影院与多媒体系统

智能家庭影院是指在传统的家庭影院的基础上加入智能家居控制功能，把家庭影音室内所有影音设备（功放、音响、高清播放机、投影机、投影幕、高清电视）以及影院环境设备（空调、地暖、电动窗帘）巧妙且完整地整体智能控制起来，创造更舒适、更便捷、更智能的家庭影院视听与娱乐环境，以达到最佳的观影、听音乐、游戏娱乐的视听效果。通过控制，只要一键就实现影院、音乐、游戏等各种情景控制模式快速进入与自由切换，以节省单独手动控制每个影音设备与环境控制设备开关与调节时间，让观赏者直接以最智能与快捷的方式获得想要的娱乐内容。

8.4.2　智慧校园

1. 智慧型校园的特征和作用

一个完善的智慧校园（如图 8.4.2 所示）应该提供以下三个信息化关键处理能力。

完整的全屋智能
家居场景会是
一种怎样的体验？

（1）信息的全面感知能力

通过高速的有线网络和无线网络相结合的方式，建设高速、覆盖整个校园的计算机网络，使学生和教职工在校园的每一个角落都可随时随地访问互联网络。同时，将大量的感知终端布置在校园中，通过感知终端中的传感器，并接入网络，通过传感器和感知终端捕获到学校里关于教学、生活、管理和校园环境的各种信息数据。

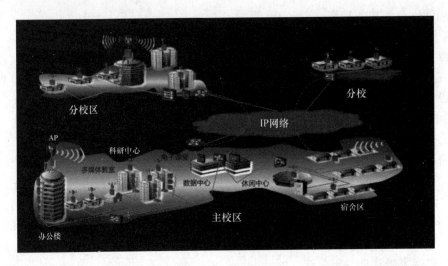

图 8.4.2　智慧校园

（2）海量的数据处理能力

学校的各级管理部门所使用的应用系统如教务管理系统、人事管理系统、科研成果管理系统、财务管理系统等积累了大量的数据，对这些海量数据基础上进行高速计算、高效分析、实时处理，为领导的正确决策提供可靠的依据。

（3）智能的管理服务能力

建立面向智能应用的智慧校园支撑平台，建立面向综合应用的智慧校园统一公共管理平台，建立面向师生生活和学习的智慧校园的应用与服务平台。通过网络将采集到的数据或设备发生故障情况实时传送到校园的监控管理中心，使各相关部门能够随时了解设备的使用情况。

2. 物联网技术在智慧校园中的应用

物联网在智慧校园中的应用主要包括教学管理和校园生活两个方面，智慧型校园的建设就是综合利用各种物联网核心技术对校园内的人员、车辆、物资器材、基础设施等进行感知、定位与控制。

（1）物联网在校园生活中的应用

校园生活是智慧校园管理系统中的一项重要内容，校园生活包括学生、教师在校园内消费、住宿、校园安全、车辆管理等方面，智慧校园是以智慧技术来实现智慧生活，利用物联网技术来更好地实现智慧校园。

① 对学校进行可视化的智慧管理

在智慧校园中应用物联网能够实现校园中物理对象的互联互通，全面感知校园环境，获取和汇总最新的数据信息，发现问题并分析原因，实时对物体进行控制并反馈相关的信息。可视化校园环境可以为校园管理提供服务，促进学校管理的科学化、人性化和智能化，在基于物联网的校园环境中，它能够便捷地完成师生身份识别和考勤管理。

② 校园一卡通的便捷应用

实施校园一卡通系统可以把门禁管理、车辆管理、教务管理、学生学籍管理、图书馆管理、机房管理、校医院、体育馆、食堂、开水房、宿舍、澡堂、校内超市等多功能模块串联起来，可实现校园的数字化管理。目前,大部分高校校园都建设有一卡通系统。

实现一卡通系统需要每个教师和学生都拥有一张含有 RFID 电子标签的校园卡,卡里包含个人的身份信息、车辆信息和资金信息。在消费场所(如食堂、超市、洗浴中心、公共自行车店等)刷卡时,相应的信息就被读取出来,经过后台数据库的查询,读取卡上余额,将当前消费的金额扣除,并实时更新后台数据库。

③ 智能安保系统的应用

校园安全与每个学生、每个家长和每个教师有着切身的关系。利用物联网技术所构建的校园安保系统是一个具有实时性、可靠性和开放性的网络视频监控系统。通过在校园重要区域安装摄像头和感应点,能够自动对在校园中活动的人员进行身份区分,对于进入重要区域的可疑人员可进行重点监控,确保校园人群的可靠性,增加学校人员的安全性。

(2)物联网在教学管理中的应用

教学质量是高校综合水平的体现,如何将物联网技术应用到学校的教学环节中呢?物联网应用到教学管理中主要体现在以下两个方面。

① 日常教学管理

引入物联网技术后,通过原有网络教学平台和教务管理系统,对原有教学体系进行改造,构建一套基于全方位的教学管理体系。在物联网技术的支持下,依托身份识别技术,重组体系结构,构建新的教学评价体系,建立完善的教学质量监控体系。通过智慧校园系统,构建主动推送的智慧教育架构,学校在教学平台中构建知识库,系统自动发现学生的知识兴趣、学习兴趣,从系统中提取学生感兴趣的知识点,通过邮箱、短信、微信等现代通信手段,主动向学生推送,从而全方位培养学生。

② 构建智慧图书馆

智慧图书馆的建设可以为学生借阅图书和学校管理图书提供方便。首先,学校图书馆是供学生查阅资料的场所,外来人员的进入会给图书馆的管理带来了不便,利用 RFID 标签和学生的一卡通等设备,可实现图书馆安全管理。另外,学生借书、还书也依靠一卡通来实现,通过刷卡、扫描图书等方式来实现自助式借书,还书时只需扫描一卡通即可获得书本信息,方便图书的归架。

3. 物联网与第三方系统的对接实现的应用

首先需要对接的是包括部分身份识别功能的校园一卡通系统,该系统往往包含用户身份库和消费功能库,需要与待建系统的身份库保持同步,或接入待建系统身份库;学生的消费数据需要返回至待建系统。

图书馆系统与校园卡系统相同,但需要增加接入用户应答或用户发起的应用接口,使用户可以完成借书、缴纳还书滞纳金、已借书目查询等功能。

人事、科研管理系统,通过射频卡、面部识别、指纹识别系统实现系统登录、人事信息更新、科研业绩管理、结项催促通知等功能,用户库与待建系统同步,或取代子系统原有用户库和权限库。

学籍管理和宿舍管理,通过射频卡、面部识别、指纹识别进行系统登录,使用户可管理和查询个人信息、考试成绩。在大型考试报名期间,学生通过射频卡、面部识别、指纹识别等多种方式进行报名登记。同时用于宿舍门禁管理,通过基站定位信息和事先采集的学生宿舍位置信息确认学生是否已经回到宿舍。用户库与待建系统同步,或取代子系统原有用户库和权限库。

教职工医疗和学生心理健康管理,用户库与待建系统同步,或取代子系统原有用户库和权限库。

固定资产系统、校内停车系统和校内财务系统:赋予教职工用户中固定资产和财务报账工作的用户接入权,实现统一登录,并且对固定资产进行机读编码,实施查阅固定资产所在位置、资产登记。通过校内停车管理系统和校内一卡通系统的接入,赋予停车系统在校园一卡通系统中的商户身份,实现缴纳停车费的功能;通过基站定位和车辆安装信号发射装置,可使教职工掌握车辆所在位置,也可使车辆管理部门通知车辆所有人及时调整车辆停放位置。

8.4.3 智慧工业

工业 4.0—智能
仓储系统(视频)

1. 生产设备互联

随着工业 4.0 的推进,将会有大量的终端设备接入网络,据有关机构预测,到 2025 年将会有近 1 000 亿个的物理终端,所以在工业 4.0 时代,如何将大量的设备连接在一起将成为企业的第一大难题。目前,传统的连接方式是通过物理线缆将设备连接在一起,但是在日趋复杂的工厂环境中,随着接入终端的大量增加,如果通过物理线缆方式连接如此庞大数量的终端设备,即使不考虑线缆成本,仅布线一项都将是非常棘手的事情,后期线缆的维护也将成为隐患,然而物联网的网络层技术能很好地解决这一难题。目前,物联网网络层的无线连接技术主要有:Wi-Fi 技术、Zigbee 技术、蓝牙技术、UWB 技术、NFC 和红外通信技术等。当有终端需要联网时,企业只需要给此终端设备安装一个无线通信模块,就可以实现终端设备的联网。

2. 物品识别定位

在工业 4.0 中,将实现真正意义上的产品个性化定制,这就要求企业从客户需求、订单管理、原材料采购、半成品和产品生产的整个环节做到可标识、可追溯,所以需利用物联网技术将该系统接入计算机网络,通过 RFID 技术和 GIS 技术完成对物品数量、所处位置、责任人员信息等的数字化管理。物联网物品识别定位的主要功能有:对不同物品在仓库、车间、成品库等之间的流转进行识别和定位,以便满足企业管理的需求;半成品、成品数量的自动统计和跟踪,将信息传输到订单管理系统,订单管理系统对订单实时更新,对订单进度进行管理;通过物联网对原材料消耗数量自动统计,以便企业进行物流智能管理。

3. 智能物流

在工业 4.0 时代,智能工厂生产高度定制化的产品,智能物流将是连接工厂和用户的核心环节。它主要包括产品的存储、运送,供应链的管理将是至关重要的一个环节。物联网在智能物流中的应用主要有三个方面:一是供应链管理方面。未来的供应链应将生产商、销售商、原料供应商锁定在一个闭环的供应链系统中,在工业 4.0 时代,将利用物联网的 RFID、红外视频、二维码等感知等技术来实时获取物品当前的状态,然后将数据传送到智能供应链系统,智能供应链系统将相应的信息更新和分发给各个环节的对象,从而实现信息的实时更新和共享。二是智能物流配送中心方面。将利用物联网中的 RFID、二维码技术,根据需要将电子标签贴在目标货物上面,通过对该货物信息的实时跟踪、记录、处理,再结合物联网的智能管理系统,实现货物出入库、盘点、配送的一体化管理。三是可视化管理方面。利用物联网的 GPS/GIS 技术、RFID 技术、传感器网络技术,实时监控和了解物流车辆、产品的位置和状态,将采集到的信息数据上传到智能管理系统,通过 Portal 界面可供用户和管理人员查询。

4. 环境污染检测

绿色制造将成为工业 4.0 时代企业的共识,同时排污数据也将纳入企业信用管理,所以排污数据的监控将是企业必须面对的难题。物联网的应用不仅可以实时监测企业排污数据,而且可以远程关闭排污口,防止突发性环境污染事故的发生,将帮助生产企业实时监控污染物的排放和指标。目前,在工业环境监控物联网应用中,由传感器网络的物联网节点、网关和监控中心或者与网关相连接的工业总线构成无缝连接的一体化网络,通过此一体化网络,企业将实现工业遥控遥测、工业现场环境监测,同时可自动地将采集、读取的数据传输到环境污染管理平台,以备相关部门的检查。

5. 智能工厂安全系统

安全将是威胁工业 4.0 企业的最重要的问题,物联网在工业 4.0 中的安全应用场景主要有两个方面 :

(1)人员出入控制。出入企业的人员需持有 RFID 智能一卡通,智能一卡通系统对出入企业的人员进行鉴权认证,从而避免企业以外的人员进入,对于进入企业核心区域的人员需进行二次授权,只有相应授权人员才能进入。在工厂内外部署视频监控系统,实现 24 小时视频监控,并将监控数据保存到数据中心,以备企业查询。同时,可部署通过图像识别、人脸识别、自动报警、烟雾和火灾报警等系统,实现联动处理功能。

(2)终端接入控制。终端接入需要经过授权或者物理地址认证,认证成功后才能接入网络,防止非法终端接入,保证网络安全。

8.4.4 超带宽定位

超带宽定位技术属于室内定位技术的一种。室内定位技术就是在室内空间标识位置信息。就传统的 GNSS 而言,复杂的建筑结构和信号环境都会对其定位精度造成很大的影响,因此无法辨别楼层高度以及室内精度差等问题,已经影响到室内定位的应用,需要室内技术的发展来解决日益增长的室内定位以及高精度物联网的需求。[52]

1. 超带宽定位技术的发展

超带宽技术是通过脉冲进行信息交换的技术,由于其高传输速率和稳定性,很早就被应用于军事领域,后被于民用领域。UWB 系统的定义是 10 dB 衰减带宽大于中心频率的 20% 或 10 dB 衰减带宽大于 500 MHz。美国联邦通讯委员会(Fedeal Communicaitons Commission,FCC)把无线资源中无牌照的 3.1 GHz 至 106 GHz 分配给 UWB 使用。而超带宽系统中发射的脉冲式脉宽为小于 1ns 的高斯脉冲,由于超宽的带宽和极窄的脉宽,理论上的传输数量可以达到几个 Gbit/s 或者更高的速率(实验室内现已可达到 1 000 Mbit/s 以上的传输速率)。随着 UWB 技术的发展,无论在无线通信的传输,创新,都会显露巨大的优势。

2. 超带宽定位技术的特性

(1)结构简单:UMB 技术不需要使用载波,它通过发送纳秒级脉冲来传输数据信号。UWB 发射器直接用脉冲小型天线,不需要在收发器上做变频处理,免去了使用功率放大器与混频器等器件,因此 JWB 允许采用非常低廉的宽带发射器。

（2）同等定位精度的基础上以低成本高速数据传输：UMB 以非常宽的频率带宽来换取高速的数据传输，并且不单独占用现在已经拥挤不堪的频率资源，而是共享其他无线技术使用的频带。在军事应用中，可以利用巨大的扩频增益来实现远距离、低截获率、低检测率、高安全性和高速数据传输。

（3）系统功耗低：UMB 系统使用间歇的脉冲来发送数据，脉冲持续时间很短，有很低的占空因数，如需传输数据的频率较低，则系统耗电可以做到很低。民用的 UWB 设备功率一般是传统移动电话所需功率的 1/100 左右，是蓝牙设备所需功率的 1/20 左右，但在精度要求较高，刷新次数较高的场景，其电池要求和蓄能要求也较高，有待于未来电池的发展以及相应配件的改进，UWB 技术在发展中，目前技术在不断更新。

（4）安全性高：作为通信系统的物理层技术具有天然的安全性能。UWB 系统的发射功率谱密度非常低，有用信息完全淹没在噪声中，被截获概率很小，被检测的概率也很低，由于 UWB 信号把信号能量弥散在极宽的频带范围内，对一般通信系统，UWB 信号相当于白噪声信号，并且大多数情况下，UWB 信号的功率谱密度低于自然的电子噪声。

（5）定位精确：冲激脉冲具有很高的定位精度，采用超宽带无线电通信，很容易将定位与通信合一，而常规无线电难以做到这一点。

（6）穿透能力强：超带宽无线电具有极强的穿透能力，可在室内和地下进行精确定位，而 GNSS 定位系统只能工作在 GPS 定位卫星的可视范围之内，与 GNSS 提供绝对地理位置不同，超短脉冲定位器可以给出相对位置，其定位精度可达厘米级。

3. 超带宽定位技术的技术路径

UWB 定位技术通过测距和测向来完成，一般包括三种方法：基于到达角度（angle of arival，AOA）估计、基于接收信号强度（received signal strength，RSS）估计和基于到达时间和到达角度（time/time difference of arrival，TOA/TDOA）估计。该技术通过矩阵束算法估算出时间和角度，从而得到目标的相对坐标，并且单个接收机即可确定位置，多个接收机可增加位置和角度的精度。除上述三种方法的定位外，测算方法还有 RT 定位（基于来回程定位）和 TSOA 定位（基于时间差定位）。以上测算的结果均通过协作定位来确定位置信息，协作是指各节点之间定位测算，包含了定位参数、状态更新和位置解算等信息的测算和应用。

除超带宽定位技术外，还有 24 GHz UWB 定位技术。除 31 Hz～10.6 GHz 外，FCC 还分配了高频段 22～29 GHz，Meier C 等人设计并实现了工作在 24 GHz 左右的 UMB 定位系统。调频连续波 UWB 定位利用线性扫频在雷达中的应用将连续波与 UWB 技术结合可用 UWB 规范，也可用脉冲频率调制，其工作在 75 GHz，扫频宽度为 1 GHz，采用雷达 RTT 定位方式，定位距离可达 2 cm。除此之外，还有声学超带宽定位技术。也就是说，声学信号也可以用作超带宽信号，并且也可以达到厘米级的定位精度。

4. 超带宽定位技术的应用及发展方向

（1）军用方面

UWB 技术主要应用于舰载机、战术手持、网络电台、雷达通信、探测雷达、检测地下军事目标等，应用面较广，且精度较高。因其优良的特性而转为民用，起初主要应用于在障碍物较多的或者 GNSS 无法穿透的地下勘探、汽车防撞传感器、物联网通信方向。随着科技的发展和演变，越来越多的领域需要精准定位轨道交通领域，由于地铁、铁路或地下管廊等场景,传统的 GPS 或北斗无法穿透较厚的水泥,或者因为遮挡而无法形成精准定位,UWB 在轨道交通场景应用得越来越多,目前应用较多的是人员定位、日常管理和灾后救援。由于地下环境较为恶劣,且容易出现重大事故,相关领域的企业未来将在轨道交通领域投入更多预算作为精准定位高端制造领域,因该场景拥有较多的电子元器件以及金融遮挡,对于定位技术的要求相对于其他领域更加严格,电磁的互相干扰将大部分室内定位技术排除在外。同时对化工厂、生物制药等无人值守的高危场景,精准定位和数据传输的及时性更加重要,无遮挡和数据传输高速的 UWB 技术未来将大量应用于这类场景。

（2）监狱、看守所、养老院等特殊场景

因监狱涉及的两类人群,都属于高危人群,对公职人员以及在押人员进行人身安全、巡视监督、高度检测、轨迹、行为习惯等进行分析显得极为重要,也是监狱和看守所未来信息化最为重要的一步,对于减轻公职人员巡视压力,监督其是否渎职等起到有效的取证作用。同时,对于分析和监督在押人员的行为,保护在押人员的人生安全等起到很好的作用。对于养老院,老人的位置定位和心率以及体征的大量信息反馈更为重要,同时提供精准的定位有利于医护人员的快速救治。目前,上述要求的技术包括高速数据传输、精准定位、高负载等,UWB 技术是最好的解决方案。

（3）发展方向

物联网的有效信息支持网联网所需要的海量信息和定位要求,同时,其市场的巨大容量为 UWB 技术提供了广阔的场景,可以预见在不久的将来,随着 UWB 技术的成熟,越来越多的应用场景将被开发出来,UWB 技术的高速传输、低功耗、高负载、精准定位等特性将为物联网提供更好的支持。

8.4.5　物联网在电力系统中的应用

根据智能电网建设的需求,物联网技术能够较好地满足电力设备之间、人与电力设备之间的信息交互要求,从而实现了物联网技术与智能电网技术的充分融合与相互促进。因此对于物联网技术在电力系统的应用研究,对于提升电力系统设备资源之间的利用率,增强系统中各类电气设备运行可靠性,提高智能化水平具有重要的意义。

物联网技术依托射频识别、定位系统、传感器网络等技术的融合,使得物物互联、人物互联得以实现,通过感知层、网络层与应用层的架构模式,保证了电网设备运营状态的信息采集、传输与智能分析应用,已成为智能电网建设与运行的重要组成部分,在设备状态检修、状态监测、智能巡检以及设备资产管理等领域均取得了较好的应用效果,随着相关技术的进一步发展,物联网对于智能电网的作用会日渐突出。

1. 在智能电网建设中的应用

物联网中感知层是实现"物物相联、信息交互"的重要基础,一般情况下可分解为感知控制层与通信延伸层两个子方向,分别对应着智能信息识别控制、物理实体连接等功能。就智能电网中的应用而言,感知控制子层通过安装的智能采集设备实现对电网信息的获取,而通信延伸子层则通过光纤通信以及相应的无线传感技术实现了电网运行信息以及各类电气设备运行状态的在线、动态监测,保证电网供电可靠,用户用电智能化。

通过电网建设过程中敷设的电力光纤网络、载波通信网以及其他无线电网络等技术,对感知层采集到的电网信息以及设备数据进行转发传输,同时保证互联数据安全以及传输过程的可靠,确保电网通信不受外部因素干扰。应用层则可分为电网基础设施和各种高级应用两大内容。基础设施为各种应用提供信息资源的调用接口。高级应用则通过智能计算技术设计到电网运行生产与日常管理中的众多环节,基于物联网技术的电力现场作业监督、基于射频识别与标识编码的电力资产全寿命周期管理、家居智能用电应用领域的实现,都对智能电网建设起到了较强的促进作用。

2. 在设备状态检修中的应用

通过物联网技术进行电网设备状态检修应用,能够准确掌握设备工作状态以及相应的运行寿命,为及时发现缺陷提供技术支撑。

同常规检修相比,状态检修能够构建变电站与线路的监控统一,使得各方面检修工作更加智能化。通过大量传感设备的加入,使设备信息获取与存储传输具备高可靠性与高便捷性,进一步夯实了状态检修基础。在此基础上,随着物联网技术的进一步成熟,电力设备检修效率稳步提升,从而使得人力资源消耗降低,不仅能够避免常规检修时可能导致的故障遗漏等问题,还能有效保证检修质量。

3. 设备状态监测应用

除状态检修外,对于设备运行状态的监控领域,物联网技术得到了较为广泛的应用,最为主要的是配电网在线监测应用。结合配电网自动化的建设与体系架构,通过以太网无源光网络技术以及配电线路载波通信或无线局域网等不同技术来解决信息感知与采集,同时解决了配电网设备的远程监测问题,包括操作人员身份识别、电子票证管理以及远程互动等内容,可有效辅导状态检修以及标准化作业的安全开展。

4. 在设备巡检中的应用

首先,对于物联网技术在电网运行中的智能设备巡检应用,具体的工作流程是通过的电网内部数据库系统与激光扫描技术对各类设备进行状态识别,并结合 RFID 技术以及红紫外监测技术对运行状态设备进行检测;其次,利用 GPS 定位系统对扫描到的信息数据进行定位、定点、定项分析,找出设备运行存在的问题,最终形成分析结果,并进行自动存储与上传。

8.4.6　物联网在石油石化行业中的应用

物联网技术在石油石化企业中深入应用已成为必然趋势。在上游领域,物联网能够提供标准化数据,通过跨业务(勘探、开发和生产)集成分析来优化运营。中游企业可以通过物联网提升网络完整性,全面分析监测数据而获益。下游企业通过物联网提升供应链效率,分析终端消费者消费行为,创造新的价值。

1. 勘探开发生产领域的应用

物联网在深海、页岩气开发等非常规领域以及偏远、安全风险高的地区发挥着越来越重要的作用。基于新的处理架构与基础设施,通过物联网对数据进行标准化采集,实时监控井口,及时发现故障并检修,减少损失,增加效益。在开发阶段,通过智能传感器、互联网设备进行大数据分析,可以增加主动钻井时间,降低成本,缩短作业周期。物联网技术已应用在4D、微地震数据采集流程中,帮助加深理解地质情况,更快地处理数据并建模。通过使用地质、完井、生产等数据,预测泵故障,为井实施最佳泵配,并评估在此配置下潜在的生产能力,有效提高了产能。上游领域借助物联网的"符合效应",创造了更多价值。

2. 石油管道监测领域的应用

通过在管道内部或外部安装的智能传感器,分析判断管道泄漏的可能性。气体感应系统通过向管道内射出空气,借助气压传感器判断溢出;分布式光纤温度传感系统能够探测管道泄漏所引起的温度波动;碳氢化合物传感电缆能够发送电信号捕捉探测到泄出的碳氢化合物;分布式光纤声学传感系统能够探测到管道内的声音变化,判断管道泄漏。利用物联网数据,可以分析最佳的市场运输路径并在合同中约定合理的管输费、优化传输路径;对油品运输历史交易量、交易价格进行分析,找到最优的交易方式和定价区间。

3. 石油炼化领域的应用

炼化企业借助智能传感器,有效进行资产管理。通过数据判断设备维修时间,减少不必要的维修操作,合理规划设备停机时间,减少意外停机,提高资产利用率;操作员、工程师能够捕捉和分析数据,以便发现潜在问题,快速评估当前状况,识别异常操作,进行预警,提高生产安全性;收集炼制不同种类原油生产的数据,分析在现货市场所需采购原油的种类、数量及最佳采购时间。随着物联网应用平台的扩展,未来将可实现与运输码头、管道等传输渠道互联,同库存变化、油品交付时间等参数相结合,使其采购策略性更强。

8.4.7　物联网在集中供热系统中的应用

目前我国集中供热系统面临能源利用率低、管理机制不完善等挑战。基于物联网及体系架构,可以对供热系统从数据采集、信息读取、信息判断与反馈三大方面入手,将物联网体系融入集中供热系统中,实现热量、流量、时间及温度等参数的在线实时采集与监测,推动热计量领域的深入发展。

1. 监管供热管道等重点节点数据

利用物联网技术,不仅能够实时监控供热各管道能耗及供热系统能耗总量,而且还可实时监控热网失水量及泵状态。供热系统能耗控制作为整个供热系统具体节能减排工作中的基础环节,只有及时掌握最为真实准确的信息,方便为供热企业及相关部门“对症下药”提供依据和便利,并为供热系统节能减排问题的解决提供可靠支撑。

物联网技术在供热系统中的应用主要体现为三个方面:(1)数据采集。在供热系统中,物联网技术主要有两种数据采集方式,分别为人工数据采集及自动数据采集。其中,自动数据采集主要通过将传感器安装在管网、用户热量表、换热站、热电厂及热源上,从而实现热量、流量、时间及温度等参数的采集。(2)信息读取。通过对传感器所传送的数据信息进行识别,依据 TCP/IP,将其转换为网络传输格式,再利用无线或有线等方式进行连接,促进底层数据上传及采集功能实现。(3)信息判断与反馈。操作系统运用 B/S 与 C/S 混合的软件体系结构,并运用 Intranet B/S 浏览模式实施状态监测。此种模式不仅操作清晰简便,而且还能为数据库安全提供保障。在系统管理方面,则利用 C/S 模式对数据库进行管理,具有较强交互性。[53]

2. 监控整体发热系统

对于数据采集层而言,由于是对诸如用户、分析官网及锅炉等有关数据进行采集,并对断电予以续传,因此可为数据完整性提供保证,为上层分析决策提供充实依据;对于数据汇聚层而言,则主要包含有整个工业数据库当中数万点以上的数据容量,为数据传送的安全及稳定提供保证,还可为数据查询及存储提供便利。

当分析决策层完成上层分析决策平台构建后,利用报表及图像等方式,对供热系统数据予以直观显示,还可对历年数据进行比较和分析,进而为供热系统设备的报警及预警提供智能化管理。其操作流程为:利用 Ioserver 将管网、用户热量表、换热站及热电厂等进行录入,并输入至供热企业设备上,即可供检测流量、时间及压力等参数的传感器所用,通过传输网络将数据信息实时发送至供热厂监控室。监控室展示方式包含 B/S 网站展示方式及 C/S 大屏展示方式,在展示内容上,包含供热厂的水电气能耗计算分析数据、历史数据报表汇总及生产运营实时数据、抄表系统用户体验数据等,最终促进供热厂设备控制及检测的实现。同时,SQL 数据库的同步数据及采集层的原始数据均被统一传送至工业数据库当中,且与物联网平台数据库之间形成同步。把耗能指标输入此系统中,且实现程序是否安装完毕的自动判断,则可发送报警信息或为数据调整提供支撑。

8.4.8 物联网在煤矿企业中的应用

物联网在煤矿企业中具有广阔的应用和发展潜力。通过现代化和数字化的综合统计工作,对整个煤矿企业的操作进行实时监控,及时发现施工问题,找出问题产生的原因,并针对性地根据原因解决操作问题,进而提高生产效益,在最大程度上实现利用较少的人力、物力资源达到效益的有效提高,提高各种信息的捕获和处理能力。

1. 人员位置监测系统

人员位置检测系统主要是对井下人员的活动进行相关的信息传达,也即在人员出入井口、重点区域出入口、限制区域等地方设置读卡分站,井下人员会带有自己的位置监测识别卡,当经过该地时,就显示出相应的地理位置和信息,然后会有特定的接收板进行接收,信息经过处理后传送到地面的监控设备,以此来完成地面监控。

2. 设备点检的管理工作

在矿井中的每台仪器设备上都利用物联网技术安装射频卡,接收仪器收到射频卡发出的有关信号时,就会通过一定的仪器将信号传送到阅读器上,然后阅读器就会进行信息的相关整理总结工作,随后将处理好的信息送到后台主系统,从而取得设备是否正常的相关信息。

3. 矿井的无线通信应用

所谓的矿井通信,就是在井下设置相应的无线基地,当信号发出时,有关的设备就会接收并传送到相应的地方,这种无线运用与我们的定位手机等构成一定的无线链路,从而完成井下的无线通信活动。

4. 智能化瓦斯巡检工作

当今智能化设备的运用极大地方便了我们的工作,井下的瓦斯巡检活动就是其中之一。瓦检员会使用相应的记录工作,在井下位置采取重要信息,并将这些信息传送到计算机扫描软件上,计算机会根据扫描的结果得出瓦斯智能巡检的结果。

课 后 习 题

8.1 简述在提供通信服务时 SIM 卡的不足与 eSIM 卡的优势。

8.2 eSIM 卡有哪些应用领域？它们分别体现出了 eSIM 卡的哪些特点？

8.3 中国居民身份证所使用的芯片有哪些技术特点？

8.4 RFID 的技术特点为物流行业带来哪些优势？

8.5 RFID 在图书管理中的应用有哪些？

8.6 物联网技术在智慧校园中有哪些应用？

8.7 超带宽定位技术有哪些特性和应用方向？

8.8 简述物联网在电力系统中的应用，查阅文献，了解泛在电力物联网的发展情况。

参考文献

[1] 程佳钰. 移动互联时代, 智能卡面临的安全挑战与解决之道[J]. 电子产品世界, 2018, 354(7):30-34.

[2] 廖伟盛, 吴腾奇. 智能卡的发展历程[J]. 金融科技时代, 2001(7):25-27.

[3] 郝蒙蒙, 李涵, 罗皓. 物联网发展综述[J]. 科技致富向导, 2011(26):23-23.

[4] 黄锐彬. 物联网的应用与挑战综述[J]. 科技与企业, 2014(8):123-123.

[5] 林振华. 浅析物联网的应用与挑战[J]. 科学中国人, 2015(20).

[6] 王小宁, 李琪. 数字城市建设与智能卡应用[J]. 城市问题, 2009(5):96-100.

[7] 贺利芳, 范俊波. 非接触式 IC 卡技术及其发展和应用[J]. 通信与信息技术, 2003(147):42-44.

[8] 杨小玲, 李志扬, 张金密, 等. 接触式 IC 卡控制系统[J]. 现代电子技术, 2005, 28(20):15-17.

[9] 罗永其. 智能卡技术[J]. 网络新媒体技术, 2011, 32(4):61-65.

[10] 何军. 自助银行保密系统及智能卡技术的研究与应用[D]. 湖南大学, 2002.

[11] 曹从军, 周世生, 顾璟. 浅谈智能卡的相关标准[J]. 今日印刷, 2004(9):8-10.

[12] 刘婷宜. 三大运营商 eSIM 发展思路不同"痛并快乐着"[J]. 通信世界, 2018(15):28.

[13] 王丽波. 接触式 IC 卡读写器的设计[J]. 自动化技术与应用, 2009(5):87-89.

[14] 张忠. 基于智能卡的 Windows 终端远程维护设计[J]. 数字通信世界, 2018, No.162(6):69-70.

[15] 周也. 物联网 RFID 技术在图书馆中的应用[J]. 电子技术与软件工程, 2019(7):10.

[16] 李翔. 智能卡研发技术与工程实践[M]. 人民邮电出版社, 2003.

[17] 杨振野. IC 卡技术及其应用[M]. 科学出版社, 2006.

[18] 刘建楠. 物联网的智慧校园建设与发展研究[J]. 中国信息化, 2019(4):78-79

[19] 欧阳晨星. 基于物联网的智能牧场[J]. 计算机产品与流通, 2019(4):69.

[20] 赵艳萍, 张晓龙. SIM 卡的驱动开发[J]. 电子元器件应用, 2008(5):63-67.

[21] 赵逸群. 智能卡技术[J]. 计算机工程与科学, 2001, 23(3):104-107.

[22] 李翔. 智能卡研发技术与工程实践[M]. 人民邮电出版社, 2003.

[23] 刘守义. 智能卡技术[M]. 西安电子科技大学出版社, 2004.

[24] 王勇. 物联网关键技术及在智能家居方面的应用[A]. 《建筑科技与管理》组委会.

2019 年.

[25]   范卉青.中国联通"拔得头筹"率先在全国范围内开通 eSIM 业务[J].通信世界,2019
        (9):7.

[26]   田青,宋建彬.探讨生物特征识别在身份认证的应用安全[J].中国信息安全,2019
        (2):84-85.

[27]   常玲,赵蓓,薛姗,洪东.基于网络安全的身份认证技术研究[J].电信工程技术与标
        准,2019,32(2):37-42.

[28]   古毅.基于生物特征的身份认证系统设计及其应用[D].电子科技大学,2018.

[29]   Douglas R. Stinson,冯登国(译).密码学原理与实践[M].3.北京:电子工业出版
        社.2009.

[30]   Richard E. Blachut,黄玉划(译).现代密码学及其应用[M].1.北京:机械工业出版
        社,2018.

[31]   赵森,甘庆晴,王晓明,余芳.多云环境下基于智能卡的认证方案[J].通信学报,2018,
        39(4):131-138.

[32]   温翔,常竞.一种改进的智能卡多服务器身份认证方案[J].网络安全技术与应用,
        2018(2):52-55.

[33]   宋伾阳,徐海水.区块链关键技术与应用特点[J].网络安全技术与应用,2019(4):
        18-23.

[34]   杨欢,幸芦笙.自动化立体仓库中货物自动识别技术[J].江西科学,2019,37(2):
        287-292.

[35]   林胜利,路宗强,王坤茹.Java 智能卡开发关键技术与实例[M].1.北京:中国铁道出
        版社.2006.

[36]   谢振东,方秋水,徐锋.一卡通技术与应用[M].1.北京:人民交通出版社.2014.

[37]   杨明.物联网安全标准化现状[J].保密科学技术,2018(9):36-42.

[38]   钱鸣镝.非接触智能卡的研究和测试[J].集成电路应用,2017,34(4):68-73.

[39]   宋莉莉,陈君.基于智能卡操作系统的测试系统设计[J].集成电路应用,2018,35(7):
        67-70.

[40]   潘雪峰,毛敏.NFC 近场通信技术的底层原理研究[J].科技和产业,2013,13(5):
        120-122.

[41]   RIAN JEPSON,DON COLEMAN,TOM IGOE. Beginning NFC:Near-Field Communication
        with Arduino,Android,and PhoneGap Jepson[M]. Tom O'Reilly Media,Ine,2012.

[42]   王惟洁,陈金鹰,朱军. NFC 技术及其应用前景[J]. 通信与信息技术,2013(6):67-
        69.

[43]   YEE K S. Numerical solution of initial boundary value problems involving Maxwell's
        equations in isotropic media[J]. IEEE Trans. Antennas Propag,1966,14(3):
        302-307.

[44]   李智聪,凌力.Java Card 的技术特点及其应用分析[J].微型电脑应用,2018,34(4):
        63-66.

[45]   刘艳峰,魏兵,任新成.近场通信天线场分布特性仿真[J].电子测量技术,2015

(8):132-134.

[46] 孙成丹，彭木根. 近场通信技术[J]. 中兴通讯技术，2013，19(4):63-66.

[47] NFC Forum. NFC digital protocol technical specification 1.0[S]. 2010.

[48] GB/T 17554.1—2006,识别卡 测试方法 第 1 部分:一般特性测试 [S].

[49] ［NFC Forum. NFC Data Exchange Format（NDEF）technical specification 1.0 [S]. 2006.

[50] GB/T 17554.1—2006,识别卡 测试方法 第 3 部分:带触点的集成电路卡及其相关接口设备 [S].

[51] 杨柳，于忠臣. 智能卡 COS 测试方案的研究[J]. 信息与电脑(理论版)，2011(12):99-100.

[52] GB/T 17554.7—2010,识别卡 测试方法 第 7 部分:邻近式卡 [S].

[53] 周乃卿.城镇燃气管理中物联网技术的应用[J].居舍,2019(13):172.

1. ANSIX3.106—1983《美国国家标准信息系统数据加密算法操作方式》,DEA 规定一种将 64 bit 输入数据变换成 64 bit 输出数据的传送过程。本标准则规定了 DEA 用的四种操作方式。

2. NSIX3.92—1981《美国国家标准数据加密算法》,该标准为加密和解密二进制编码信息提供了一种数学算法的完整描述。

3. ANSIX.9.8—1982《美国国家标准个人标识号(PIN)的管理和安全》,该标准对生命周期内 PIN 的管理提供安全指南。它规定了一些管理 PIN、使用 PIN 的规范方法。

4. ANSI9.23—1988《美国国家标准金融机构批发金融报文的加密》,该标准规定了批发金融报文(如电报汇兑、信用证函件)的加密和解密方法,以及报文内加密元素的加密和解密方法。用该标准保护的报文可以通过任何通信媒体进行交换,包括存储转发网络和用户电报网络。由于加密的正文与现有批量金融网络中的通信过程相互干扰,该标准还提供了一种方法,该方法支持加密的报文在不同网络中发送而不被误解为通信协议。

5. ISO 8730—1990《银行业务报文鉴别要求(批发)》,该标准是为交换金融报文的相应机构的使用而设计的。它可用来鉴别使用任何有线通信服务或其他通信服务方式的报文。它规定了利用报文鉴别代码(MAC)保护机构之间传递的批发金融报文的真实性所使用的几种方示。它还规定了保护整个报文或保护报文中被指定元素的技术。

6. ISO 8731.1—1987《银行业务已批准的报文鉴别算法第 1 部分:DEA》,该标准把数据加密算法(DEA)作为报文鉴别代码(MAC)计算的一种方式予以处理。

7. ISO 9731.2—1992《银行业务已批准的报文鉴别算法第 2 部分:报文鉴别符算法》,该标准涉及报文鉴别代码(MAC)计算中使用的报文鉴别符算法。这种算法专门适用于数据容量高且希望用软件实现的情况。

8. ISO 9564.1—1991《银行业务个人识别号的管理与安全第 1 部分:PIN 保护原理和技术》,该标准详述了有效的国标化 PIN 管理所需的最起码的安全措施,并提供了一个交换 PIN 数据的标准方法。它适用于负责实现银行交易卡 PIN 的管理和保护技术的机构。

9. ISO 9564.2—1991《银行业务个人识别号的管理与安全第 2 部分:已批准的 PIN 加密算法》,该标准规定了已批准的 PIN 的加密算法。

10. ISO 11568.1—1994《银行业务密钥管理(零售业务)第 1 部分:密钥管理介绍》,该标准规定了在银行零售业务环境中运行的密码系统所使用的密钥的管理原则。它适用于对称密码体制的密钥和非对称密码体制的密钥和公钥。

11. ISO 11568.2—1994《银行业务密钥管理(零售业务)第 2 部分:对称密码体制的密钥管理技术》,该标准规定了在银行零售业务环境中使用对称密码的密钥保护技术。它适用于任何负现实现生命周期内密钥保护的机构。

12. ISO 11568.2—1994《银行业务密钥管理(零售业务)第 3 部分:对称密码体制的密钥生命周期》,该标准规定了银行零售环境下密钥生命周期中每一步的安全需求和实现方法。

13. ISO 7816-1:1987《识别卡带触点的集成电路卡第 1 部分:物理特性》,该标准规定了带触点集成电路卡的物理特性,如触点的电阻、机械强度、热耗、电磁场、静电等,适用于带磁条和凸印的 ID-1 型卡。

14. ISO 7816-2:1988《识别卡带触点的集成电路卡第 2 部分:触点尺寸和位置》,该标准规定了 ID-1 型 IC 卡上每个触点的尺寸、位置和任务分配。

15. ISO/IEC 7816-3:1989《识别卡带触点的集成电路卡第 3 部分:电信号和传输协议》,该标准规定了电源、信号结构以及 IC 卡与诸如终端这样的接口设备间的信息交换。包括信号速率、电压电平、电流数值、奇偶约定、操作规程、传输机制以及与 IC 卡的通信。

16. ISO/IEC 7816-4:1995《识别卡带触点的集成电路卡第 4 部分:行业间交换用指令》,该标准规定了由接口设备至卡(或相反方向)所发送的报文、指令和响应的内容;在复位应答期间卡所发送的历史字符的结构和内容;在处理交换用行业间指令时,在接口处所读出的文卷和数据结构;访问卡内文卷和数据的方法;定义访问卡内文卷和数据的权利的安全体系结构;保密报文交换方法等内容。

17. ISO/IEC 7816-5:1987《识别卡带触点的集成电路卡第 5 部分:应用标识符的编号体系和注册程序》,该标准规定了应用标识符(AID)的编号体系和 AID 的注册程序,并确定了各种权限和程序,以保证注册的可靠性。

18. ISO/IEC 10536-1:1992《识别卡无触点的集成电路卡第 1 部分:物理特性》,该标准规定了无触点集成电路卡(CICC)的物理特性,适用于 ID-1 型卡。

19. ISO/IEC 10536-2:1995《识别卡无触点的集成电路卡第 2 部分:耦合区的尺寸和位置》,该标准规定了为使 ID-1 型无触点 IC 卡和卡耦合设备相接而提供的每个耦合区的尺寸、位置、性质和分配。

20. ISO/IEC 10536-3:1996《识别卡无触点的集成电路卡第 3 部分:电信号和复位规程》,该标准规定了 ID-1 型无触点 IC 卡和卡耦合设备之间提供功率和双向通信的场的性质和特性。

21. ISO/IEC 10536-4:1996《识别卡无触点的集成电路卡第 4 部分:互操作规程》。

22. ISO/IEC 11693:1994《识别卡光存储卡第 1 部分:一般特性》,该标准规定了在卡上存储数据,从卡读出数据所必需的信息,并提供在信息处理系统中光记忆卡的物理、光学和数据交换能力。

23. ISO/IEC 11694-1:1994《识别卡光存储卡线性记录方式第 1 部分:物理特性》,该标准规定了使用线性记录方法的光记忆卡的物理特性。

24. ISO/IEC 11694-2:1994《识别卡光存储卡线性记录方式第 2 部分:可访问光区的尺寸和位置》,该标准规定了使用线性记录方法的光记忆卡的可访问光区的尺寸和位置。

25. ISO/IEC 11694-3:1994《识别卡光存储卡线性记录方式第 3 部分:光学性能和特

性》，该标准规定了使用线记录方法的光记忆卡的性质和特性。

26. ISO/IEC 7816-1：ISO/IEC 7816 标准是国际标准化组织（ISO）与国际电工委员会（IEC）联合发布的集成电路卡（IC 卡）技术规范。ISO/IEC 7816-1 规定了带接点的卡片的物理特性。

27. ISO/IEC 7816-2：ISO/IEC 7816 标准是国际标准化组织（ISO）与国际电工委员会（IEC）联合发布的集成电路卡（IC 卡）技术规范。ISO/IEC 7816-2 规定了接点的尺寸和位置。

28. ISO/IEC 7816-3：ISO/IEC 7816 标准是国际标准化组织（ISO）与国际电工委员会（IEC）联合发布的集成电路卡（IC 卡）技术规范。ISO/IEC 7816-3 规定了异步卡的电气接口和传输协议。

29. ISO/IEC 7816-4：ISO/IEC7816 标准是国际标准化组织（ISO）与国际电工委员会（IEC）联合发布的集成电路卡（IC 卡）技术规范。ISO/IEC 7816-4 规定了交换的组织、安全和命令。

30. ISO/IEC 7816-5：ISO/IEC 7816 标准是国际标准化组织（ISO）与国际电工委员会（IEC）联合发布的集成电路卡（IC 卡）技术规范。ISO/IEC 7816-5 规定了应用程序提供者的注册。

31. ISO/IEC 7816-6：ISO/IEC 7816 标准是国际标准化组织（ISO）与国际电工委员会（IEC）联合发布的集成电路卡（IC 卡）技术规范。ISO/IEC 7816-6 指定了用于交换的行业间数据元素。

32. ISO/IEC 7816-7：ISO/IEC 7816 标准是国际标准化组织（ISO）与国际电工委员会（IEC）联合发布的集成电路卡（IC 卡）技术规范。ISO/IEC 7816-7 为结构化卡片查询语言指定命令。

33. ISO/IEC 7816-8：ISO/IEC 7816 标准是国际标准化组织（ISO）与国际电工委员会（IEC）联合发布的集成电路卡（IC 卡）技术规范。ISO/IEC 7816-8 指定用于安全操作的命令。

34. ISO/IEC 7816-9：ISO/IEC 7816 标准是国际标准化组织（ISO）与国际电工委员会（IEC）联合发布的集成电路卡（IC 卡）技术规范。ISO/IEC 7816-9 指定卡片管理命令。

35. ISO/IEC 7816-10：ISO/IEC 7816 标准是国际标准化组织（ISO）与国际电工委员会（IEC）联合发布的集成电路卡（IC 卡）技术规范。ISO/IEC 7816-10 规定了同步卡的电气接口和复位响应。

36. ISO/IEC 7816-11：ISO/IEC7816 标准是国际标准化组织（ISO）与国际电工委员会（IEC）联合发布的集成电路卡（IC 卡）技术规范。ISO/IEC 7816-11 规定了通过生物测定方法进行个人验证。

37. ISO/IEC 7816-12：ISO/IEC 7816 标准是国际标准化组织（ISO）与国际电工委员会（IEC）联合发布的集成电路卡（IC 卡）技术规范。ISO/IEC 7816-12 规定了 USB 卡的电气接口和操作程序。

38. ISO/IEC 7816-13：ISO/IEC 7816 标准是国际标准化组织（ISO）与国际电工委员会（IEC）联合发布的集成电路卡（IC 卡）技术规范。ISO/IEC 7816-13 指定用于在多应用程序环境中管理应用程序的命令。

39. ISO/IEC 7816-15：ISO/IEC 7816 标准是国际标准化组织(ISO)与国际电工委员会(IEC)联合发布的集成电路卡(IC 卡)技术规范。ISO/IEC 7816-15 规定了密码信息的应用。

40. ISO/IEC 14443-1：ISO/IEC 14443 标准是国际标准化组织(ISO)与国际电工委员会(IEC)联合发布的非接触式 IC 卡标准协议技术规范。ISO/IEC 14443-1 规定了非接触式卡的物理特性。

41. ISO/IEC 14443-2：ISO/IEC 14443 标准是国际标准化组织(ISO)与国际电工委员会(IEC)联合发布的非接触式 IC 卡标准协议技术规范。ISO/IEC 14443-2 规定了射频电源与信号接口。

42. ISO/IEC 14443-3：ISO/IEC 14443 标准是国际标准化组织(ISO)与国际电工委员会(IEC)联合发布的非接触式 IC 卡标准协议技术规范。ISO/IEC 14443-3 规定了初始化和防冲突流程。

43. ISO/IEC 14443-4：ISO/IEC 14443 标准是国际标准化组织(ISO)与国际电工委员会(IEC)联合发布的非接触式 IC 卡标准协议技术规范。ISO/IEC 14443-4 规定了通信协议。

1. ACF(application control file,应用控制文件)

2. AOA(angle of arival,基于到达角度)

3. APDU(application protocol data unit,应用协议数据单元)

4. AT&T(American Telephone & Telegraph Company,美国电话电报公司)

5. CLA(class,命令头的类别字节)

6. COS(card operating system,卡操作系统)

7. COS(chip operating system,片内操作系统)

8. CPU(central processing unit,中央处理器)

9. DES(data encryption standard,数据加密标准算法)

10. DF(dedicated file,专用文件)

11. DH(device host,设备主机)

12. DSA(decimal shift and add,十进制位移相加)

13. DUT(device under test,被测设备)

14. ECC(elliptic curves cryptography,椭圆曲线加密算法)

15. ECMA(European Computer Manufacturers Association,欧洲计算机制造联合会)

16. EEPROM(electrically erasable programmable read only memory,带电可擦可编程只读存储器)

17. EF(elemental file,基本文件)

18. ESD(electro-static discharge,静电放电)

19. eSIM(embeded-SIM,嵌入式 SIM 卡)

20. FAT(file allocation table,文件分配表)

21. FCC(Fedeal Communicaitons Commission,美国联邦通讯委员会)

22. GDPR(General Data Protection Regulation,《通用数据保护条例》)

23. GIS(geographic information system,地理信息系统)

24. GPS(global positioning system,全球定位系统)

25. GSMA(Global System of Mobile Communication Association,全球移动通信系统协会)

26. IC(integrated circuit,集成电路)

27. IFD(interface device,接口设备)

28. INS(instruction,命令头指令字节)

29. ISO(International Organization for Standardization,国际标准化组织)

30. ITU(International Telecommunication Union,国际电信联盟)

31. LLCP(logical link control protocol,逻辑链路控制协议)

32. LoRA(long range radio,远距离无线电)

33. MCU(microcontroller unit,微控制单元)

34. MF(master file,主文件)

35. NB-IoT(narrow band internet of things,窄带物联网)

36. NCI(NFC controller interface,NFC 控制接口)

37. NDEF (NFC data exchange format,NFC 数据交换格式)

38. NFC(near field communication,近场通信)

39. P2P (peer-to-peer,点对点)

40. PCB(printed circuit board,印制电路板)

41. PIN(personal Identification number,个人识别密码)

42. POS(point of sales terminal,销售点情报管理系统)

43. RAM(random access memory,随机存取存储器)

44. RF(radio frequency,射频)

45. RFID(radio frequency identification,射频识别)

46. ROM(read-only memory,只读储存器)

47. RSA(ron rivest、adi shamir、leonard adleman,一种非对称加密算法)

48. RSS(received signal strength,基于接收信号强度)

49. SIM(subscriber identity module,用户识别模块)

50. TOA/TDOA(time/ time difference of arrival,基于到达时间和到达角度)

51. UWB(ultra wideband,使用超宽频谱的短距离超高速无线通信技术)

52. VCC(volt current condenser,电源电压)

53. VCD(vicinity coupling equipment,邻近式耦合设备)

54. VICC(vicinity card,邻近式卡)

55. Wi-Fi(wireless fidelity,无线保真)

56. Zigbee 紫蜂,是一种低速短距离传输的无线网上协议